Dnyaneshwar Nagre
Ram Kohire

Imprtância biológica de compostos à base de indole

Dnyaneshwar Nagre
Ram Kohire

Imprtância biológica de compostos à base de indole

ScienciaScripts

Imprint

Any brand names and product names mentioned in this book are subject to trademark, brand or patent protection and are trademarks or registered trademarks of their respective holders. The use of brand names, product names, common names, trade names, product descriptions etc. even without a particular marking in this work is in no way to be construed to mean that such names may be regarded as unrestricted in respect of trademark and brand protection legislation and could thus be used by anyone.

Cover image: www.ingimage.com

This book is a translation from the original published under ISBN 978-620-7-46375-6.

Publisher:
Sciencia Scripts
is a trademark of
Dodo Books Indian Ocean Ltd. and OmniScriptum S.R.L publishing group

120 High Road, East Finchley, London, N2 9ED, United Kingdom
Str. Armeneasca 28/1, office 1, Chisinau MD-2012, Republic of Moldova, Europe
Printed at: see last page
ISBN: 978-620-7-71787-3

Conteúdo

CAPÍTULO 1

INTRODUÇÃO

Os compostos orgânicos heterocíclicos são compostos carbocíclicos em que um ou mais átomos de carbono são substituídos por heteroátomos como o azoto, o oxigénio ou o enxofre. Estes compostos são de natureza aromática ou não aromática. O estudo dos compostos heterocíclicos ocupa um lugar de destaque na química devido à sua vasta gama de aplicações em diferentes domínios da ciência química, como a química medicinal, a fotoquímica, a química dos materiais, a farmacêutica, os corantes e as tintas, a agroquímica, etc. Mais de 24 milhões de compostos orgânicos com esqueleto heterocíclico foram registados em resumos químicos[1]. Em 2010, as vendas a retalho nos EUA indicaram que quase 80% ou mais das moléculas de medicamentos continham um esqueleto heterocíclico[2]. Entre os heterociclos conhecidos, as moléculas heterocíclicas com cinco membros azotados foram encontradas na maioria das moléculas de medicamentos sintéticos[3].

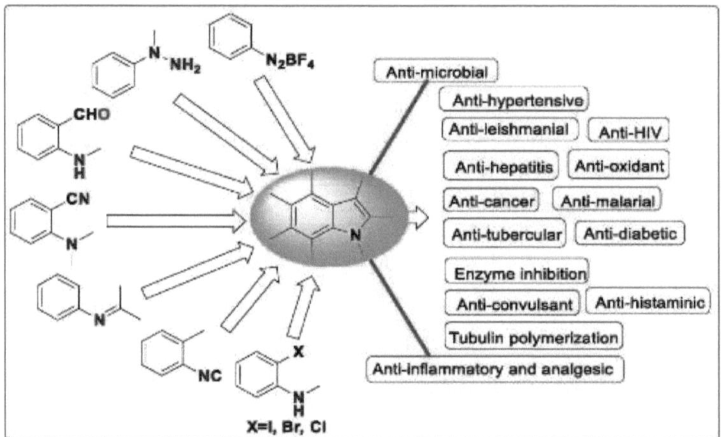

O nome *indol* é uma junção das palavras *índigo* e *oleum*, uma vez que o indol foi isolado pela primeira vez por tratamento de oleum (H2S2O7) sobre o corante índigo. A química do indol começou a desenvolver-se com o estudo do corante índigo. O indol é um composto heteroaromático planar bicíclico fundido em que o anel benzénico está fundido através de 2 e 3 posições do anel pirrol, especificamente designado benzo[*b*]pirrol. É constituído por um anel de benzeno e um anel de pirrol fundidos num sistema bicíclico. O nome sistemático, *1H-indole*, é uma forma mais estável do que o tautómero *3H-indole*. O *1H-indole* é também mais estável do que o isómero benzo[*c*]pirrol, que se designa por 2H-isoindole e 1H-isoindole. Um terceiro isómero do benzo[*a*]pirrol é um composto estável chamado indolizidina (2H-indolizina-4-io).

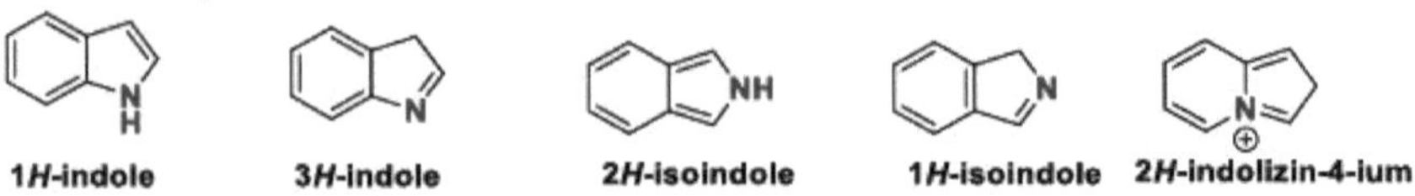

O indole[4] é uma molécula plana com 10 electrões (8 π-electrões e dois pares de ligação) num sistema conjugado, o indole segue a regra de Huckel da aromaticidade. É classificado como um composto heteroaromático π-excessivo devido à natureza doadora de electrões do átomo de azoto do anel pirrólico. O átomo C3 do anel é o centro mais rico em electrões de entre os outros, devido ao efeito de ressonância, como se mostra abaixo.

O indol pode ser facilmente submetido a reacções de substituição electrofílica semelhantes às do anel benzénico na posição C3, o que pode ser explicado por estudos moleculares. Os indóis também podem sofrer reacções de substituição N em condições fortemente básicas devido à natureza ligeiramente ácida da ligação - NH no indol[5] . É muito reativo com ácidos fortes devido à sua fraca basicidade, tal como o pirrol.

CAPÍTULO 2

1. Pesquisa bibliográfica:

1.1. Importância biológica e síntese do andaime de indole:

O indole é um dos sistemas heterocíclicos importantes na química sintética porque faz parte das proteínas sob a forma do aminoácido triptofano, de fármacos como a indometacina e existe como alcaloide - compostos biologicamente activos de plantas, incluindo a estricnina e o LSD. Os derivados do indole têm imitado a estrutura dos péptidos, de modo a poderem ligar-se reversivelmente às enzimas[6] , o que oferece ao químico a oportunidade de descobrir novos fármacos com diferentes modos de ação.Os compostos à base de indol apresentaram várias aplicações farmacológicas e agroquímicas e uma variedade de actividades biológicas[7] , incluindo antimicrobiana[8] , antiviral[9] , anticonvulsiva, antimalárica, antibiótica, anti-inflamatória, anticancerígena[10] , analgésica, antiúlcera, contraceptiva, antileishmanial, antioxidante, anti-HIV[11] etc. Verificou-se também que alguns derivados do indol têm efeitos agonistas em vários receptores, tais como o recetor X do fígado, o recetor 5-HT1D, etc. Devido às suas vastas aplicações, os derivados do indol chamaram a atenção dos químicos sintéticos. Sabe-se que os indóis se ligam a múltiplos receptores, pelo que se encontram numa vasta gama de moléculas farmaceuticamente activas. Foi sugerido que os indóis são provavelmente representativos de todas as classes estruturais na descoberta de medicamentos[12] . Algumas oximas de indol 2 e 3-substituídas foram comunicadas mostrando actividades reguladoras do crescimento das plantas, anti-arítmicas, anti-inflamatórias, antidepressivas, analgésicas e fungicidas[13] .

Os alcalóides à base de indole encontram-se em várias famílias de plantas, ou seja, Loganiaceae, Apocyanaceae, Rubiaceae e Nyssaceae[14] . O esqueleto do indole encontra-se em vários produtos naturais, incluindo a bufotenina, a reserpina (alcalóides da Rauwolfia) e a psilocibina. A esrina (sementes de *Physostigma venenosum*) foi proposta para o tratamento da doença de Alzheimer[15] , a hormona vasoconstritora serotonina actua como neurotransmissor em animais[16] , Os alcalóides diméricos da vinca, como a vinblastina e a vincristina (*Catharanthus roseus*), são utilizados no tratamento do cancro e das doenças de Hodgkin[17] , do sarcoma de Kaposi, do linfoma não-Hodgkin e do cancro da mama ou dos testículos[18] . Foram comunicadas actividades biológicas específicas dos alcalóides indólicos versáteis (produtos marinhos), tais como anti-inflamatória, antiviral, citotoxicidade, antagonismo da serotonina, etc.[19] . Verifica-se que têm potencial para se tornarem novos agentes terapêuticos para o tratamento de várias perturbações psiquiátricas[20] . Os alcalóides do indol incluem alguns compostos farmacológica e estruturalmente diversos como o triptofano (aminoácido essencial). O triptofano é reconhecido na nutrição animal e humana e a descoberta das hormonas vegetais provocou um renascimento da química do indol. A serotonina é o principal neurotransmissor nos animais (inibidor da anticolinesterase e da monoamina oxidase); a reserpina é utilizada para baixar a pressão arterial e reduzir o ritmo cardíaco e é utilizada como tranquilizante e sedativo; os alcalóides indólicos bioactivos, a mitomicina e os seus análogos, estão a ganhar grande importância devido à sua ampla utilização na quimioterapia do cancro e às suas fortes actividades antibacterianas. O ácido indol-3-acético (auxina) é uma hormona natural do crescimento das plantas e da divisão celular[21] , o ácido indol-acético, conhecido como heteroauxina, é outro derivado importante do indol. A melanina é uma neuro-hormona, os alcalóides do indol actuam nos sistemas nervosos central e periférico dos animais[22] . Alguns alcalóides indólicos notificados mostram interação com os receptores de diferentes sistemas biológicos, por exemplo, os alcalóides da harmala para os receptores GABA[23], a mitragina para os receptores µ-opióides[24]   , a ibogaína para os receptores NMDA[25] e a fisostigmina para o inibidor da acetilcolinesterase[26], etc.

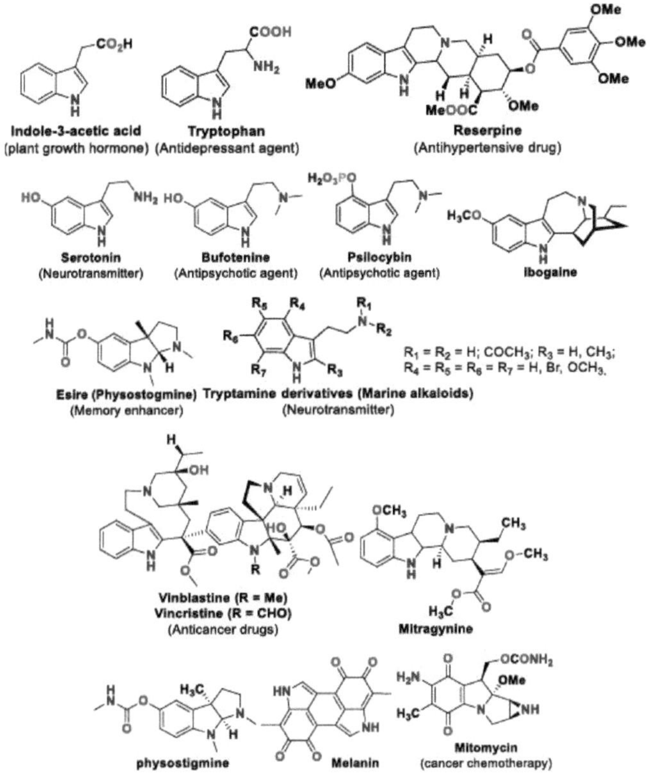

Fig. 1.1: Estruturas dos principais compostos à base de indol que ocorrem naturalmente

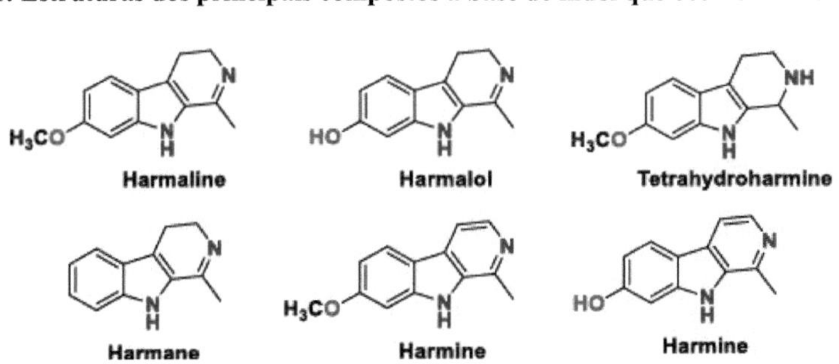

Fig. 1.2: Estruturas dos principais alcalóides de base indol do *peganum harmala*.
São referidos vários alcalóides indólicos biologicamente importantes; alguns deles são enumerados a seguir: a) alcalóides da cravagem do centeio, como a ergometrina, a ergotamina e a bromocriptina, que foram utilizados no tratamento de enxaquecas, na supressão da lactação, na contração do músculo uterino e no tratamento do carcinoma mamário[27] ; (b) alcalóides de vinca, como a vincristina e a vinblastina, que apresentam efeitos hipoglicémicos e citotóxicos[28] ; c) alguns alcalóides de indol obtidos de *Alstonia scholaris* apresentam atividade antibacteriana[29] ; d) o fruto de *Melodinus cochinchinensis* contém vários derivados de indol, e.g. melodinus AH com efeito citotóxico[30] . Os alcalóides indólicos de origem marinha e bacteriana são moléculas notáveis para a descoberta de medicamentos, uma vez que possuem propriedades diferentes, como atividade antibacteriana, citotóxica, antimicrobiana e antineoplásica[31] . A esponja Topsentia contém o alcaloide indólico tulongicina, que apresenta uma forte atividade antibacteriana, recolhida em águas profundas, com efeito citotóxico, anti-HIV e antibiótico. Para além da tulongicina, foram recuperados alguns outros derivados a partir do fracionamento[32] . Alguns outros derivados do indol, como a eudistomin K, a gelliusine A, a brasilidine A, a mitraphylline e o cediranib[33] foram também recuperados de fontes naturais e são mencionados abaixo.

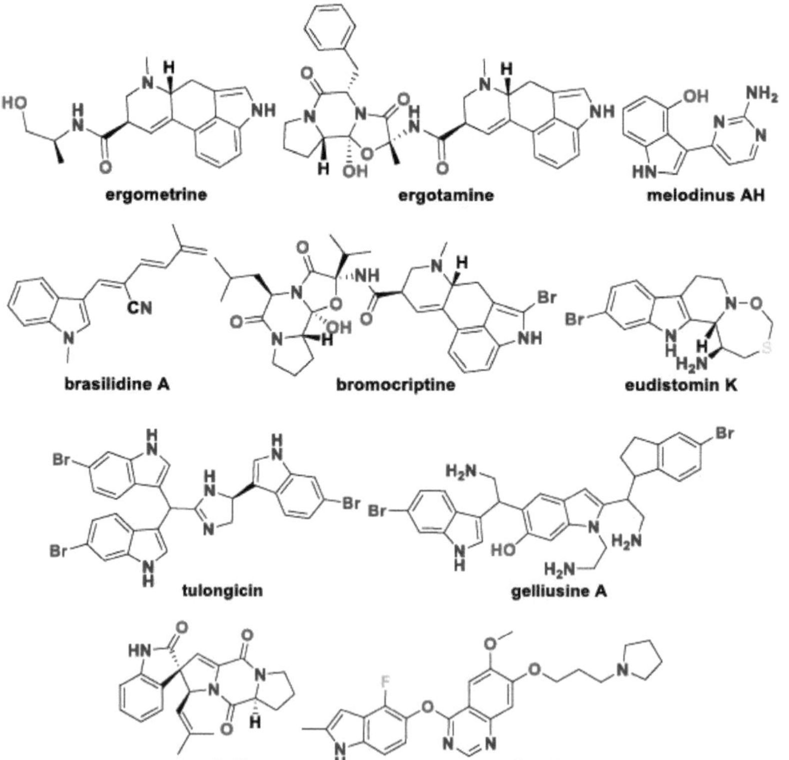

Fig. 1.3: Estruturas de moléculas à base de indol biologicamente importantes

Para além dos alcalóides de ocorrência natural, foram registados alguns derivados do indol a partir de fontes marinhas que reforçam a química do indol; alguns dos análogos do indol isolados a partir de fontes marinhas são - Discodermind, Aspergillamide A, dragmacidin F, Microsclerodermin A e Microsclerodermin B e têm vindo a aumentar significativamente[34] .

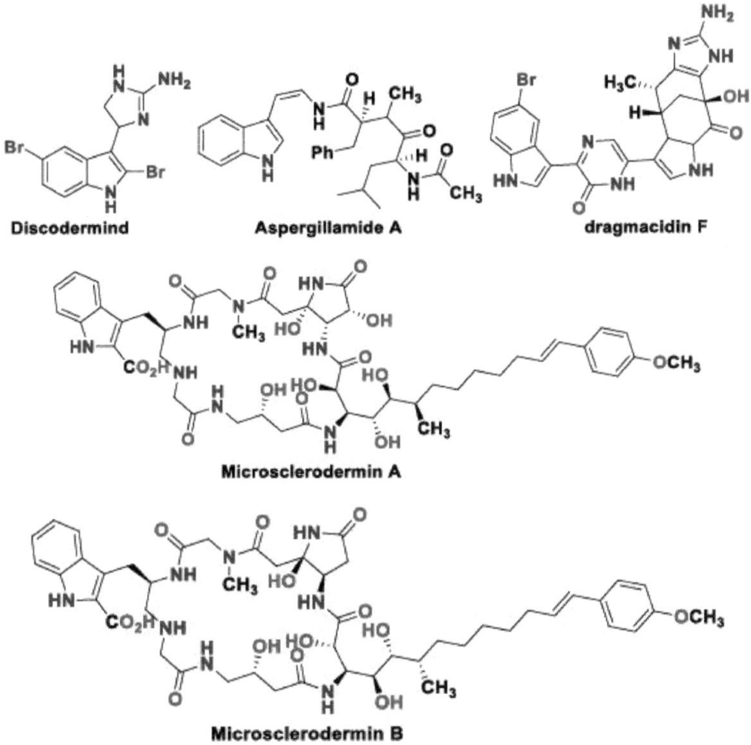

Fig. 1.4: Estruturas dos alcalóides naturais à base de indol

A melatonina é a hormona que se encontra nos animais, plantas e micróbios e que é produzida nos animais em função da sessão do dia como um relógio sazonal[35] . O indole-3-carbinol (I3C) e o 3,3'-diindolilmetano (DIM) é um produto natural derivado da digestão do indole-3-carbinol, que se encontra em níveis relativamente elevados nos vegetais crucíferos, como as couves-de-bruxelas, os brócolos, os repolhos e as couves, e tem sido objeto de investigação contínua devido aos seus interessantes efeitos antioxidantes, anticarcinogénicos e antiaterogénicos[36] . A ajmalicina (também conhecida como 6-ioimbina ou raubasina) é um alcaloide que se encontra naturalmente em várias plantas e é um medicamento anti-hipertensivo utilizado no tratamento da tensão arterial elevada[37] . Actua também como antagonista dos receptores a1-adrenérgicos com acções preferenciais sobre os receptores a2-adrenérgicos, o que está na base dos seus efeitos hipotensores e não hipertensores[38] .

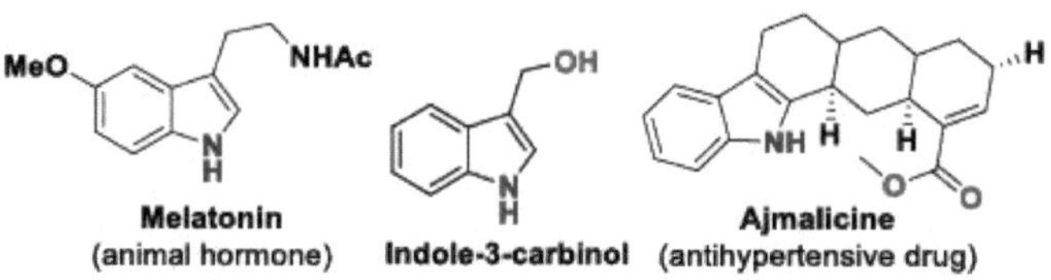
MeO
NHAc
N
H
Melatonin
(animal hormone)
OH
N
H
Indole-3-carbinol
NH
H
H
H
O
O
Ajmalicine
(antihypertensive drug)

Fig. 1.5: Estruturas de fitoquímicos biologicamente importantes

Há vários compostos isoméricos à base de indol que revelam boas actividades farmacológicas, por exemplo, indóis à base de pirano fundido, como o centro fundido do tipo (S) (etodolac) (**A**), que é um agente anti-inflamatório clinicamente eficaz e tem potencial para retardar a progressão das alterações esqueléticas na artrite reumatoide[39] , em que o isómero fundido do tipo (R) (**B**) é um inibidor seletivo da polimerase NSSB do vírus da hepatite C[40] .

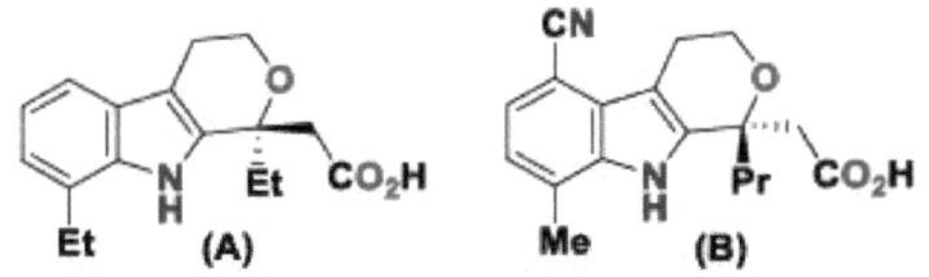
O
N
H
Et
CO2H
Et
(A)
CN
O
N
H
Pr
CO2H
Me
(B)

Fig. 1.6: Alguns indóis com base em piranos fundidos biologicamente importantes

1.2. Medicamentos comercializados contendo núcleo de indol e suas utilizações terapêuticas:

Os cientistas da medicina estavam a conceber vários compostos à base de indol contendo vários núcleos heterocíclicos contra várias doenças. Os medicamentos clínicos com um amplo espetro de actividades farmacológicas são classificados na categoria seguinte:

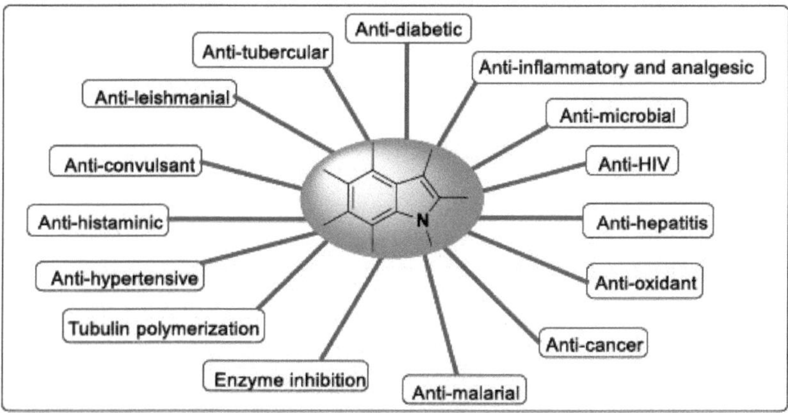

Fig 1.7: Importância farmacológica dos derivados de indol

A estrutura do indol 2 e 3-substituído, que ocorre naturalmente, é um dos heterociclos biologicamente mais importantes encontrados em produtos naturais, sintéticos e farmacêuticos[41] . O indol e os seus derivados estão a desempenhar um papel muito importante nos processos de descoberta de medicamentos. Na base de dados da FDA de heterociclos contendo azoto para a conceção de medicamentos, o indol e os seus derivados ocupam a nona posição entre as 25 principais moléculas em 2015 que envolvem os medicamentos aprovados pela FDA[42] .

Existem várias moléculas de medicamentos com esqueleto de indol. Alguns exemplos de fármacos marcados são apresentados de seguida.

Indometacina12	anti-inflamatório não esteroide (AINE), reduz a febre, a dor e a inflamação	
Pravadolina12	Medicamento analgésico utilizado como analgésico e AINE funciona de forma semelhante a outros AINE devido ao seu papel como inibidor da COX	

Atevirdine[43]	medicamento anti-VIH, inibe a transcriptase reversa não nucleósida que conduz à multiplicação viral	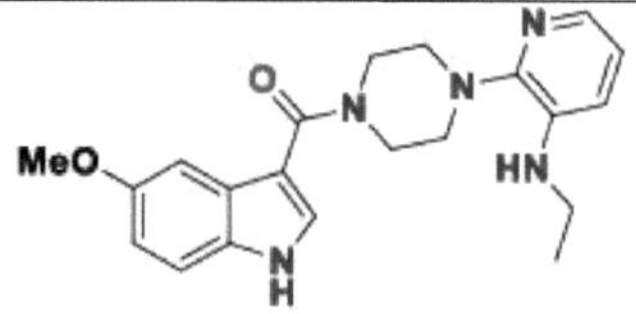
Delavirdine[44,11]	agente antirretroviral ativo, utilizado no tratamento do vírus da imunodeficiência humana de tipo 1 (VIH-1) em adultos	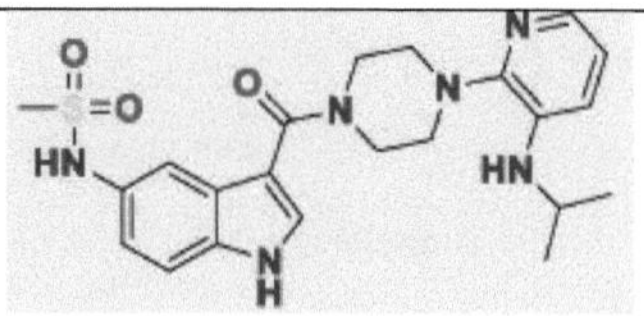
Yohimbine[45] (identificado como um remédio para a disfunção sexual)	reduzir os riscos de diabetes de tipo 2 devido à expressão excessiva do gene do recetor alfa 2-adrenérgico[46]	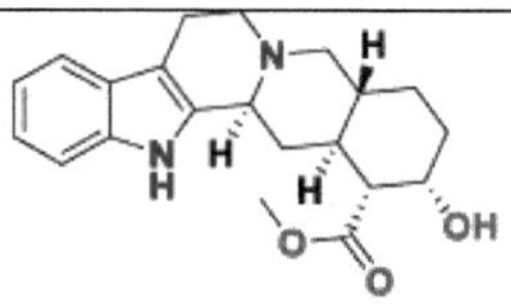
Pinodolol[47]	β-bloqueador, suprime os efeitos dos agonistas β-adrenérgicos, resultando numa resposta terapêutica durante a terapia antidepressiva	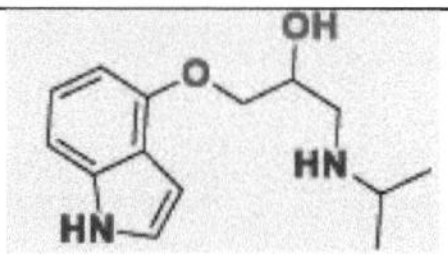
Glufanida[48] denominada timogénio isolado de timo de vitelo	doentes que sofrem de cancro do ovário estudo e vírus da hepatite C	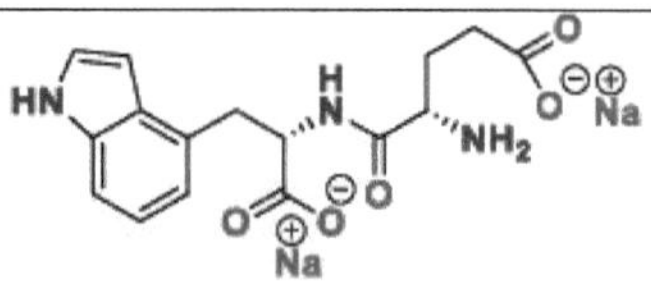
Apaziquona (indolequinona)[49]	contra o cancro da bexiga não músculo-invasivo	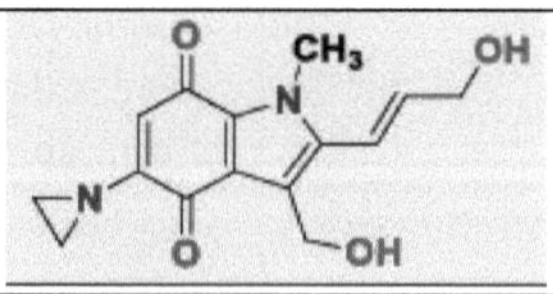
Arbidol[50]	O indol polifuncionalizado é um medicamento para o tratamento da infeção viral da gripe, que impede a entrada do vírus na célula-alvo e estimula a resposta	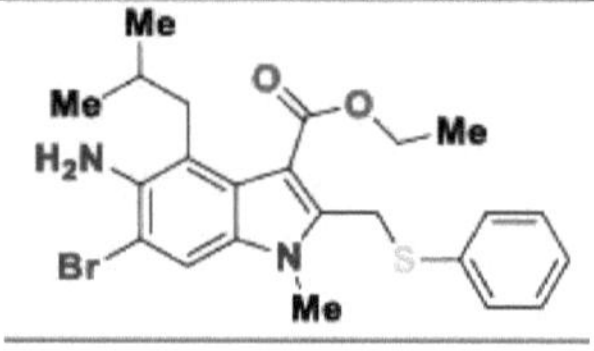

	imunitária	
Panobinostato (2-metil-3-funcionalizado-1H-indole)[51]	um medicamento anti-leucémico, testado contra várias linhas de células cancerígenas em vários ensaios clínicos	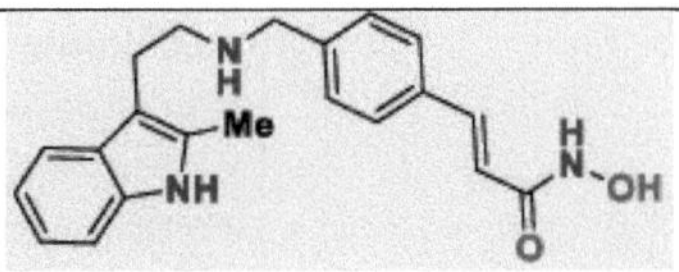
Roxindole	Tratamento da esquizofrenia, actua como agonista dos receptores D2 da dopamina e trata a depressão	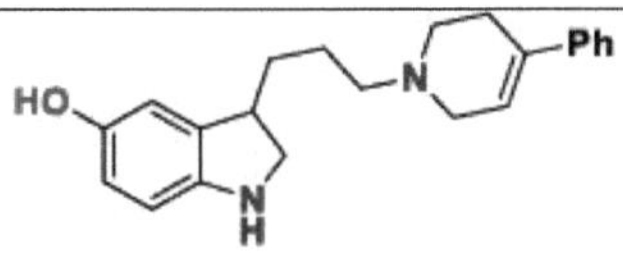
Oxiptina	Medicamento antipsicótico	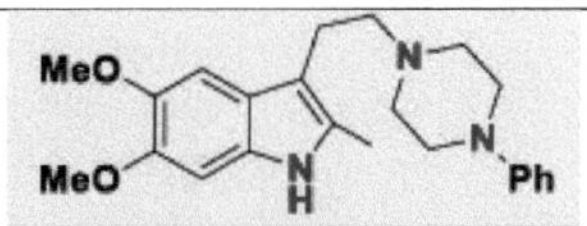
Dacinostato (LAQ-824)[52]	Inibidor hidroxamato HDAC com potencial atividade anticancerígena; contra uma variedade de linhas celulares de tumores sólidos, o NVP-LAQ824 mostrou efeitos anti-proliferativos selectivos, induzindo a inibição do crescimento celular em algumas linhas celulares, enquanto induz a morte celular noutras.	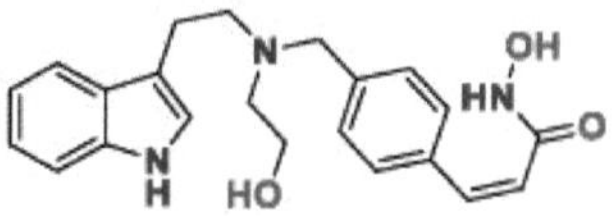
IN46153	Suprimir a atividade motora espontânea; atuar como anticonvulsivo.	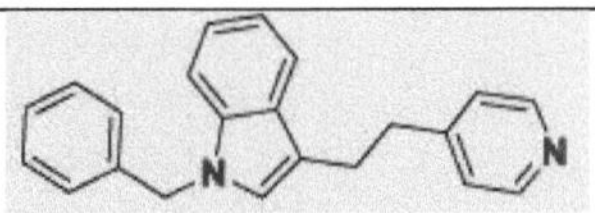
IN39954	Suprimir a atividade motora espontânea; atuar como anticonvulsivo.	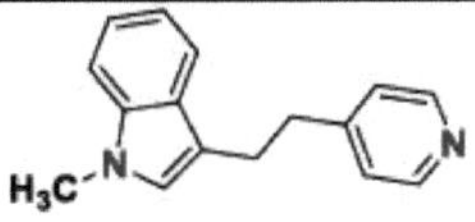

CPI-16955	Inibidor potente e seletivo do EZH2 com estabilidade microssomal; trata o xenoenxerto de linfoma e o cancro da bexiga.	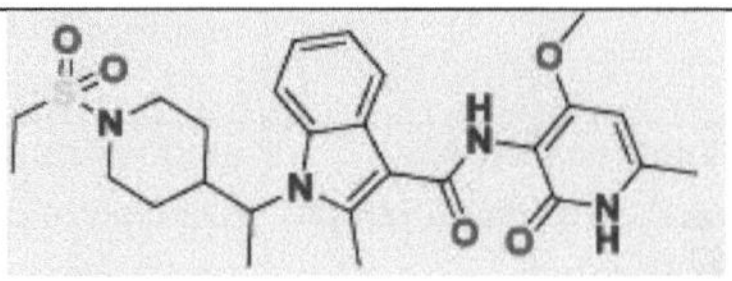
CPI-120556	Inibidor altamente potente e seletivo do EZH2; diminuição da metilação das histonas, alteração dos padrões de expressão dos genes associados às vias do cancro e diminuição da proliferação das células cancerosas que expressam o EZH2.	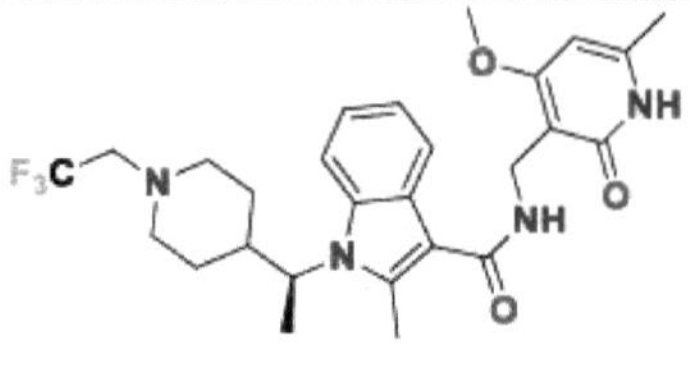
CPI-36057	Inibidor potente, seletivo e competitivo do SAM EZH1; tratamento do linfoma não Hodgkin.	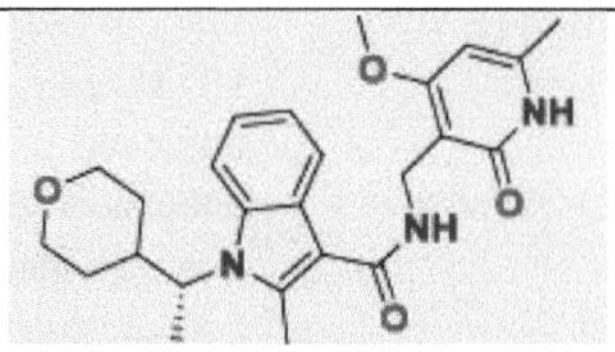
Orantinib58	O derivado de oxoindole é um inibidor de VEGFR2 (receptores do fator de crescimento endotelial vascular tipo 2), PDGFR (receptores do fator de crescimento derivado das plaquetas), FGFR (receptores do fator de crescimento derivado das plaquetas) e trata o carcinoma hepatocelular	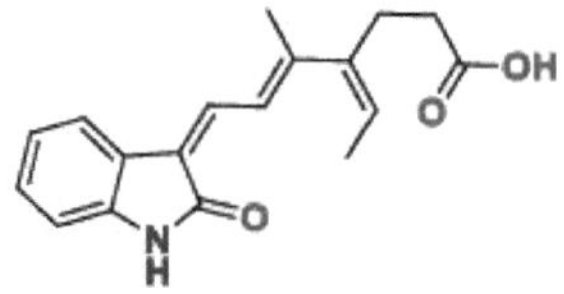
Obatoclax (GX15-070)59	Actua através da inibição do Bcl-2 (linfoma de células B 2); induz a apoptose nas células cancerosas, impedindo assim o crescimento do tumor.	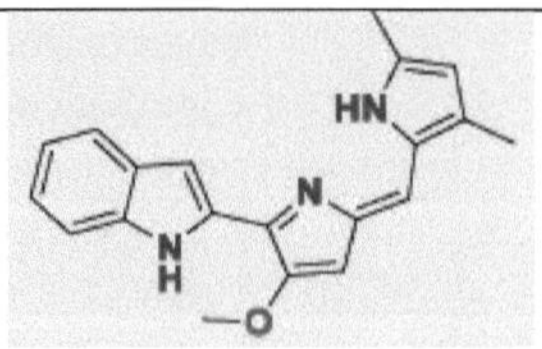

	Eficaz em várias doenças cancerosas.	
JNJ-26854165 (Serdemetan)[60]	Actua através da inibição da ubiquitina ligase HDM2 (Human double minute 2); inibe o crescimento celular e induz a apoptose em linhas celulares de leucemia e no tratamento de tumores sólidos.	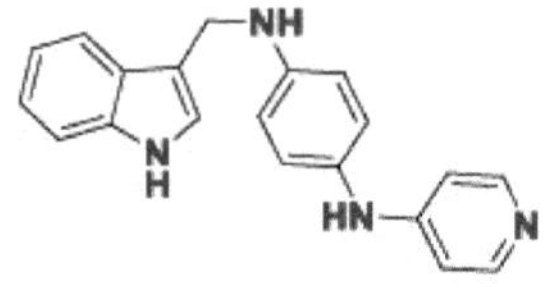
TL32711 (Birinapant)[61]	Um potente antagonista das proteínas da família XIAP (X-linked inhibitor of apoptosis protein) e IAP (Inhibitor of apoptosis protein), com potencial atividade antineoplásica; inativar a sinalização mediada pelo fator nuclear kappa B (NFkB) e tratar a leucemia mielogénica.	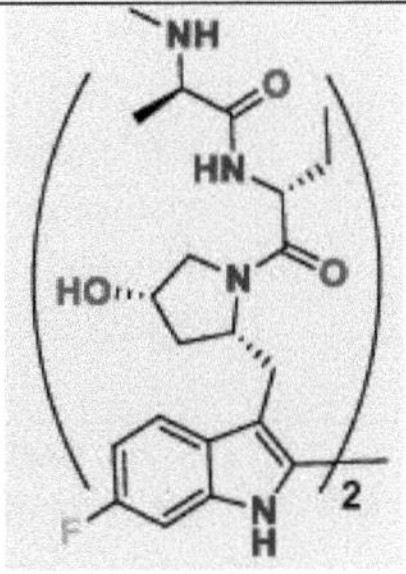
Enzastaurin[62]	Inibidor seletivo da proteína quinase C β, uma enzima envolvida na indução do fator de crescimento endotelial vascular (VEGF) e desenvolvida como uma terapia antiangiogénica do cancro	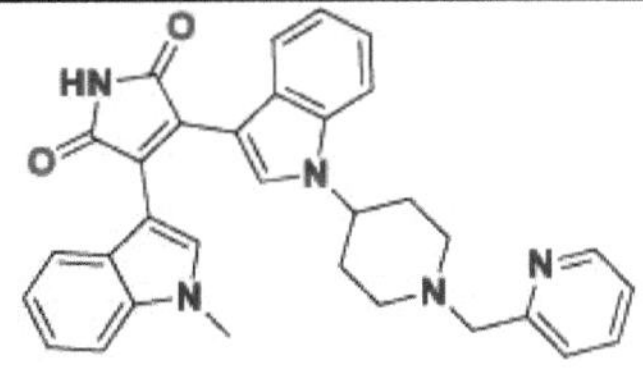
Go697663	Inibidor potente e seletivo da PKC. Inibe seletivamente as isoformas de PKC dependentes de Ca^{2+} em detrimento das independentes de Ca^{2+}. Agente antitumoral	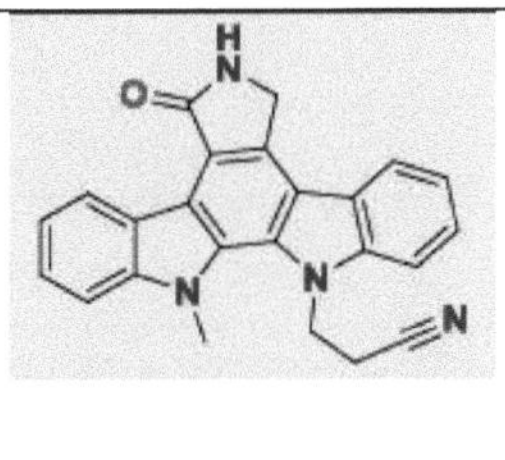

	promissor.	
Rucaparib[64]	Medicamento farmacêutico de primeira classe que tem como alvo a enzima de reparação do ADN, ou seja, a enzima poli (ADP-ribose) polimerase e trata o cancro da mama e do ovário.	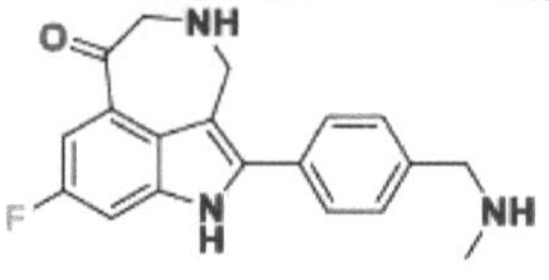
ARQ-197 (tivantinib)[65]	Primeiro inibidor seletivo do c-MET não competitivo com ATP e trata o cancro hepatocelular, colo-rectal, da mama e da próstata.	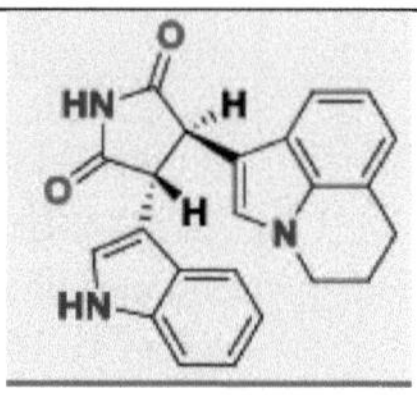
AZD-346366	Foi demonstrado que a ALK (Anaplastic lymphoma kinase) promove a sobrevivência e o crescimento das células. O AZD-3463 é um potente inibidor da ALK, pelo que é eficaz contra as linhas celulares de cancro resistentes aos medicamentos.	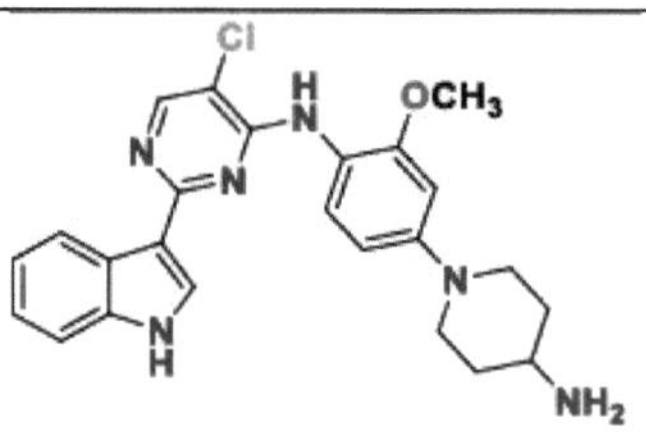
YH-239-EE67	Antagonista de P53-MDM2 (Mouse double minute 2) e tratamento da leucemia mieloide.	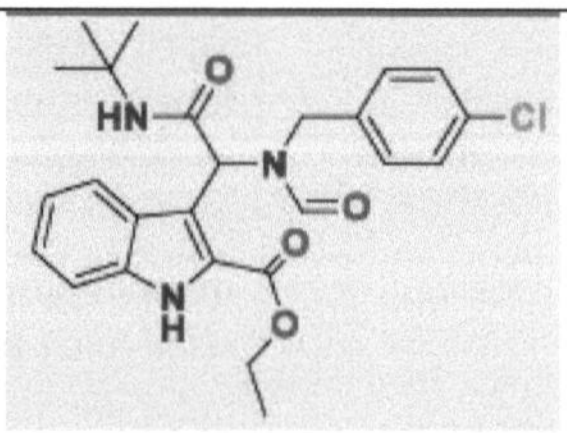

THZ168	Inibição das dependências transcricionais dependentes da CDK7 (quinase 7 dependente da ciclina) no cancro pancreático	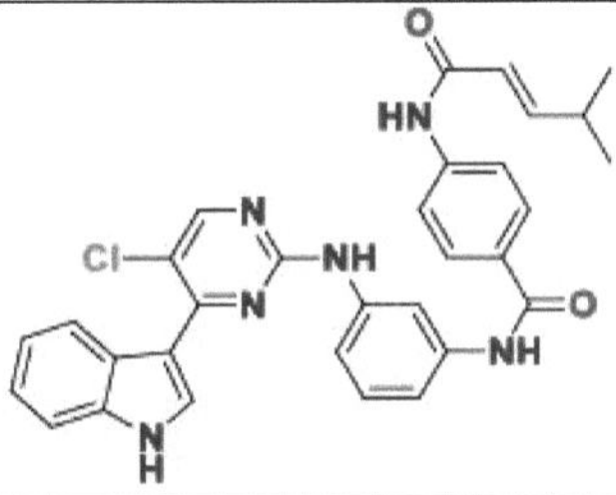
Atervirdina69	Inibidor não-nucleosídeo da transcriptase reversa (NNRTI) e actua como medicamento antiviral.	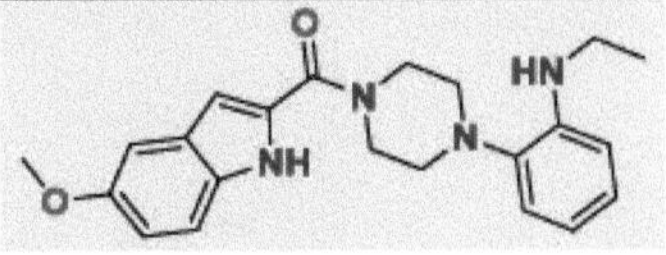
Indalpina (LM-5008)70	A indalpina, recentemente introduzida no mercado, actua através da inibição da recaptação da serotonina. Antidepressivo potente.	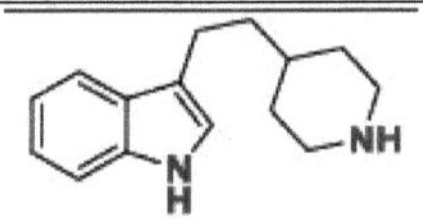
LU 28-179 (Siramesina)71	Actuam como agonistas do recetor sigma-2 e são utilizados como anticancerígenos e antidepressivos.	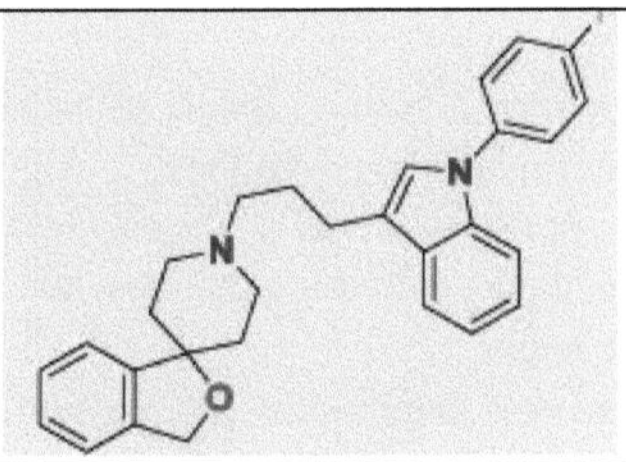
TMC64705572	Inibidor não nucleósido da polimerase NS5B do vírus da hepatite C. Agente anti-hepatite promissor.	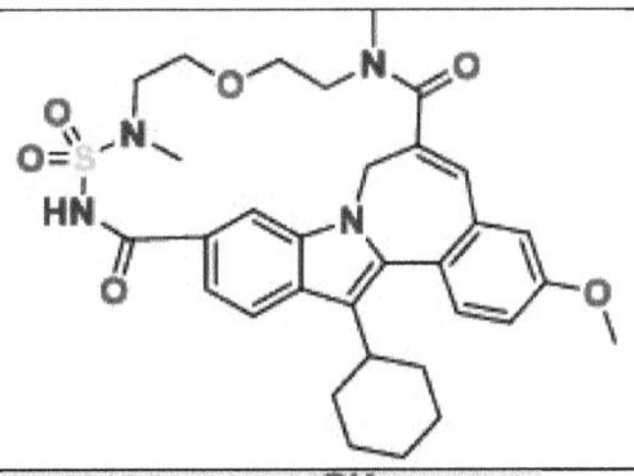
Pindolol73	tratamento da hipertensão	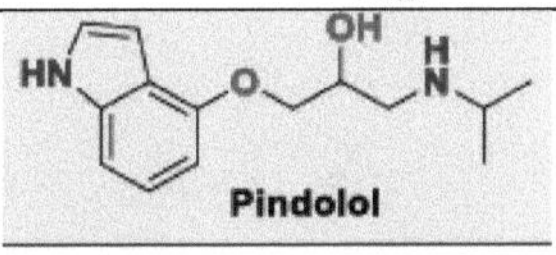 Pindolol
Indapamida74	Tratamento da insuficiência cardíaca e da hipertensão	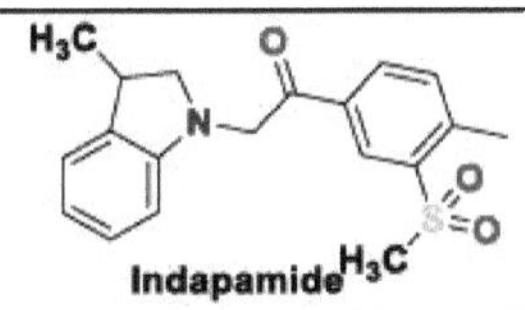 Indapamide

YQ3675	Agentes antiproliferativos e actuam através da indução de apoptose dependente da caspase.	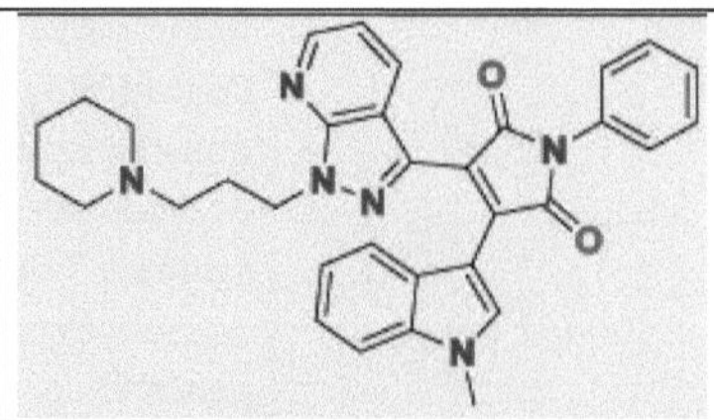

Alguns outros agentes farmacêuticos importantes (fármacos) que contêm uma fração indol são (sumatriptano, tadalafil, rizatriptano e fluvastatina), como se mostra a seguir[76].

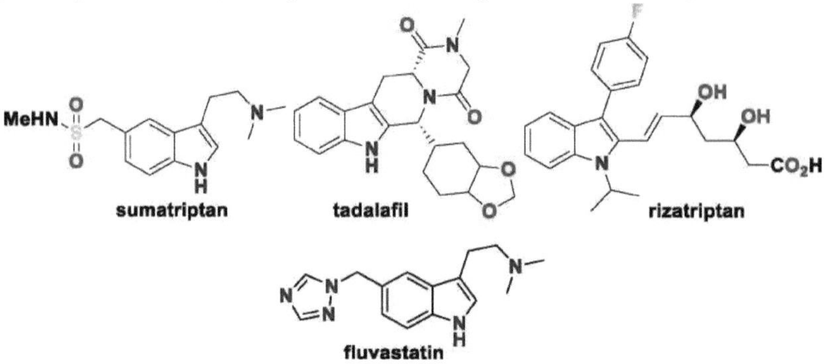

Fig. 1.8: Alguns agentes farmacêuticos importantes (fármacos) que contêm um andaime de indol

Os compostos à base de indole estão amplamente presentes em produtos naturais de plantas, fungos e organismos marinhos[77] . Alguns espiro-indóis com um centro estereogénico em c_3 são compostos naturais e farmaceuticamente activos com actividades mais avançadas[78] . Existem alguns métodos sintéticos, tais como as alquilações intermoleculares[79] ,sigmatrópicas [80] , reacções catalisadas por paládio[81] e cicloadições[82] para a síntese de espiro-indóis, incluindo alguns alcalóides bioactivos naturais[83] como a coerulescina, a horsfilina (isolada de *Horsfieldia superba[84]*), a elacomina (isolada de *Eleagnuscommutate*), alstonisina (produto natural bioativo), Welwitindolinone A (isolado do caldo de fermentação de *Aspergillus fumigatus[85]*), Spirotryprostatin A e B (é um metabolito secundário de *Aspergillus fugimatus*), mitraphylline (isolado de *Uncaria tomentosa*; possui atividade antitumoral contra linhas celulares de cancro do cérebro humano - neuroblastoma SKNBE (2) e glioma maligno GAMG)[86] e Rhynchophylline[87] (isolada de Uncaria rhynchophylla; utilizada como medicamento antipirético, anti-hipertensivo e anticonvulsivo para o tratamento de cefaleias, vertigens e epilepsia)[88] .

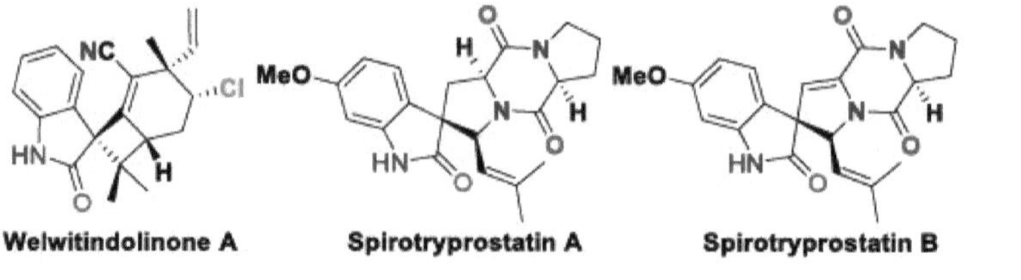

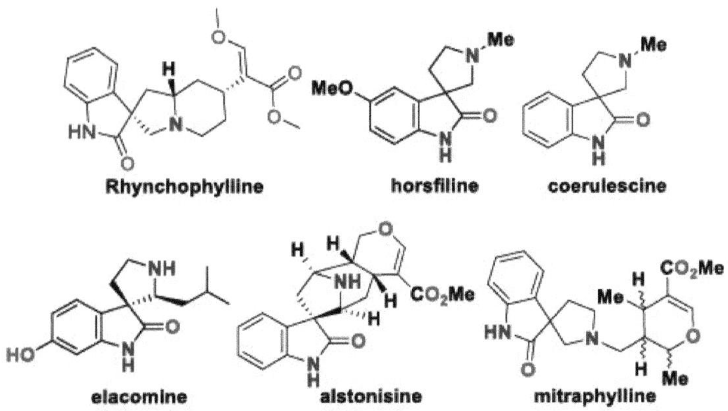

Fig. 1.9: Alguns espiro-indóis importantes

1.3. Perfil farmacológico dos derivados de indol:

Devido às diferentes propriedades biológicas do indol e dos seus derivados, este tem alcançado uma posição importante na investigação dos químicos orgânicos e sintéticos. Algumas das aplicações importantes são enumeradas a seguir.

1.3.1. Actividades antimicrobianas:

As infecções microbianas ocorreram rapidamente em doentes que sofrem de cancro, tuberculose ou síndrome da imunodeficiência adquirida (SIDA) e levaram a um aumento substancial da taxa de mortalidade nessas pessoas. Só estas infecções microbianas causam 13 milhões de mortes por ano a nível mundial[89].

Existem vários fármacos antimicrobianos disponíveis no mercado, mas os micróbios têm a capacidade de desenvolver estirpes mutantes, juntamente com resistência aos fármacos[90], e os fármacos de espetro estreito são o principal obstáculo à atual terapia microbiana. Consequentemente, a procura de novos agentes antimicrobianos eficazes, não tóxicos e com objectivos precisos reveste-se de grande importância para o tratamento medicinal atual.

Há uma necessidade urgente de desenvolver novos agentes antibacterianos e antifúngicos, porque as estirpes de bactérias e fungos desenvolvem resistência contra os medicamentos existentes. Por exemplo, as estirpes de *S. aureus desenvolvem resistência contra a* vancomicina e a meticilina, enquanto *os enterococos* desenvolvem resistência contra a vancomicina. Existem três mecanismos possíveis de resistência bacteriana:[91] são: 1) Modificação ou alterações estruturais do alvo do fármaco ou da enzima; 2) Restrição do acesso do fármaco ao local do alvo; ou 3) Produção de enzimas inactivadoras do fármaco na bactéria[12]. A histidina quinase promoveu sistemas de dois componentes que desempenham um papel importante na transdução de sinais bacterianos, que é essencial para a adaptação das bactérias ao stress. O facto é que as histidina-quinases são extremamente comuns nas bactérias, o que as torna um excelente alvo para ultrapassar a resistência aos medicamentos. Um mecanismo de transdução de sinal nos mamíferos ocorre através de um mecanismo diferente e, por conseguinte, os inibidores das histidina cinases podem conduzir a novos agentes antimicrobianos. A cascata de histidina quinase ajuda as bactérias a adaptarem-se a condições físicas e químicas extremas e, por conseguinte, a desenvolverem resistência aos medicamentos. Entre os 4100 genes de *Bacillus subtilis*, existem 15 genes de histidina quinase estabelecidos e 15 putativos. Do mesmo modo, o *S. aureus* resistente à meticilina e *o*

S. aureus resistente à vancomicina contêm dez e seis genes, respetivamente, que codificam histidina-quinases. As histidina quinases são proteínas diméricas que actuam como sensores e transdutores da transdução de sinais nas bactérias. Em resposta ao stress ou a qualquer alteração física ou química, esta cascata começa com a ligação do ligando no domínio sensor e a subsequente auto-fosforilação da histidina presente no domínio conservado, utilizando o fosfato Y do ATP. A histidina cinase fosforilada interage com um elemento regulador da resposta e transfere o fosfato para o resíduo de aspartato presente no seu domínio recetor. Todos estes eventos iniciam a transcrição, a tradução e a síntese de proteínas que ajudam as bactérias a sobreviver em condições de stress, como no desenvolvimento de resistência contra antibióticos.

Foi sintetizada uma série de derivados de indolin-2-ona substituídos por 3-aminometileno e estudada a sua atividade antibacteriana contra duas bactérias Gram-positivas *Bacillus cereus* e *Streptomyces* chartreusis *e* uma bactéria Gram-negativa *Escherichia coli* e uma levedura *Candida albicans*[92] . Verificou-se que o composto (**1**) que contém a cadeia lateral ornitílica é mais eficaz contra bactérias Gram positivas e inibe fracamente o crescimento de *E. coli* e *C. albicans*.

Foi sintetizada uma série de bases de Schiff de isatina e 5-metil-isatina. Os compostos de aminometileno N-substutuídos (**2**) foram considerados os mais activos entre todos os compostos sintetizados. Os compostos foram activos contra *Candida albicans, Candida neoformis, Histoplasma capsulatum, Microsporum audounii* e *Trichophyton mentagrophytes*[93] .

Foram sintetizadas diferentes bases de Schiff de isatina N-substituída e isatina substituída, tratando-as com 4-amino-N-carbamimidoil benzeno sulfonamida e estudando a sua atividade antimicrobiana pelo método de diluição em tubo[94] . Todas as bases de Schiff sintetizadas mostraram uma melhor atividade antibacteriana do que os fármacos de referência, tendo-se verificado que a base de Schiff (**3**) era o composto mais ativo com valores de CIM mais baixos.

Uma série de indóis bicíclicos, tais como derivados de espiro[indol-tiazolidina]espiro[indolpirano] foram sintetizados a partir de N-(bromoalquil)indol-2,3-dionas; sendo os dois núcleos de indol ligados através de um ligante N-(CH2)n-N e avaliadas as suas actividades antimicrobianas in vitro contra bactérias Gram-positivas (*Bacillus subtilis, Staphylococcus aureus* e *Staphylococcus epidermis*), bactérias Gram-negativas (*Escherichia coli, Salmonella typhi, Pseudomonas aeruginosa* e *Klebsiella pneumonia*) e fungos (*Aspergillus niger, Aspergillus flavus, Aspergillus fumigatus* e *Candida albicans*) utilizando o método da placa Cup. Estes compostos mostram uma maior eficácia antibacteriana e antifúngica do que os seus correspondentes mono-espiroindoles. O composto (4) foi considerado o derivado mais ativo[95] .

Foi sintetizada uma série de derivados de espirotiazolidina à base de isatina através do acoplamento de diones derivados de espiro[indol-tiazolidenos] e avaliada a sua atividade antimicrobiana in vitro contra gram positivos, gram negativos e fungos através do método de inibição por zona. Os compostos substituídos com 4-metoxi (5) foram activos contra as três estirpes[96] .

Uma série de novas espiro[indol-tiazolidinonas foram sintetizadas a partir de diferentes indol-2,3- diona, 3-amino-1,2,4-triazol/benzimidazol e tioácidos sob irradiação de micro-ondas num só passo e estudou-se a sua atividade antifúngica in vitro contra *Rhizoctonia solani, Fusarium oxysporum* e *Collectotrichum capsici*[97] . Todos os compostos (6) mostram uma boa atividade contra estes agentes patogénicos.

Uma série de espirocompostos à base de indol, tais como derivados de 2'-(indol-3-il)-2-oxospiro(indolina-3,4'-pirano), foi sintetizada a partir de isatina ou acenaptenoquinona, malononitrilo ou cianoacetato de etilo e 3-cianoacetil indole na presença de trietil amina à temperatura ambiente num só passo e foram analisados quanto às suas actividades antimicrobianas (antibacterianas e antifúngicas) in vitro contra *Staphylococcus epidermidis, Staphylococcus aureus, Bacillus subtilis* e *Aspergillus niger* pelo método de difusão em disco[98] . Os compostos (7) e (8) mostraram uma inibição boa e moderada contra *S. aureus, B. subtilis, S. epidermidis* e *A. niger* em comparação com os padrões.

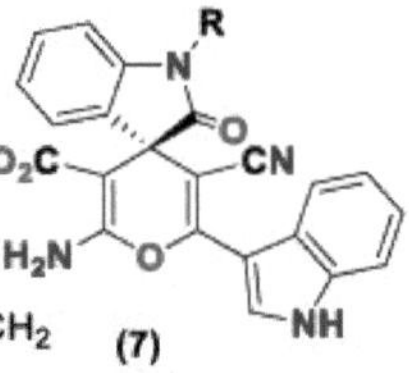

R = H, PhCH$_2$, Me, EtO$_2$CCH$_2$ **(7)**

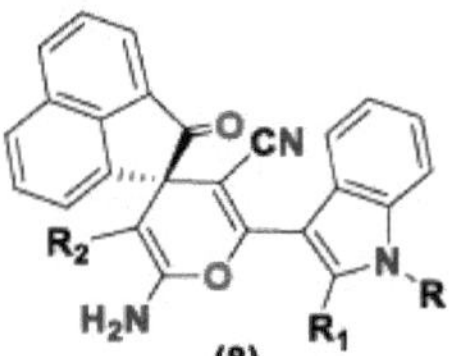

R = R$_1$ = H, R$_2$ = CN;
R = Me, R$_1$ = H, R$_2$ = CN **(8)**

Foi relatada a síntese one-pot de 3-piranil indóis através da reação em tandem de Knoevenagel-Michael de vários aldeídos aromáticos, 3-cianoacetil-indol e malononitrilo catalisada por InCl3 em etanol sob condições de refluxo e avaliada quanto às actividades antimicrobiana, antioxidante e anticancerígena pelo método de inibição por zona[99]. Todos os compostos sintetizados mostraram uma boa atividade anticancerígena contra as linhas celulares de cancro da mama MCF-7 em comparação com o medicamento padrão. O composto (**9**) revelou-se um agente antibacteriano invitro mais potente.

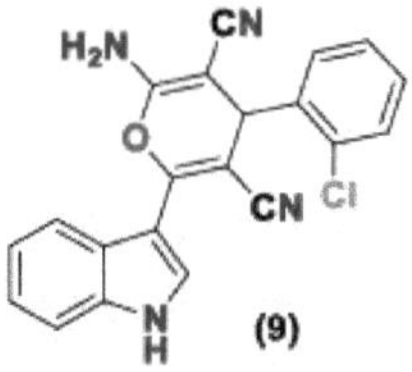

(9)

Alguns novos espirooxindoles foram sintetizados a partir de isatina e sarcosina ou L-prolina com o dipolarófilo 1,4-naftoquinona através da cicloadição 1,3-dipolar de um ylide de azometina seguido de desidrogenação espontânea e avaliados quanto às suas actividades antimicrobianas[100]. Todos os espirooxindoles mostram uma atividade antibacteriana significativa contra *S. aureus* (MRSA), *Enterobacter aerogens*, *Staphylococcusaureus*, *Micrococcus luteus*, *Klebsiella pneumonia*, *Salmonella typhimurium*, *Proteus vulgaris*, *Salmonellaparatyphi-B* e atividade antifúngica contra *Candida albicans*, *Malassesia pachydermatis* e *Botyritis cinerea*. Entre todos os compostos testados, verificou-se que a molécula (**10**) era mais ativa contra as bactérias e os fungos testados.

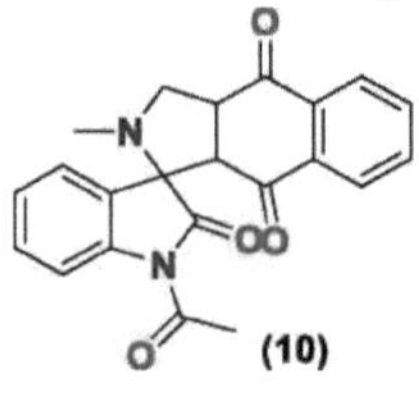

(10)

Foram sintetizadas séries de diferentes produtos que contêm uma porção de pirazol com indol a partir de hidrazida de ácido indol-acético e várias chalconas em ácido acético sob condições de refluxo e avaliada a sua atividade antimicrobiana utilizando o método de difusão em ágar padrão contra quatro estirpes bacterianas (*Bacillus*, *Pseudomonas*, *Escherichia coli* e *Staphylococcus*) e duas estirpes fúngicas (*Sclerotium rolfsii* e *Macrophomina phaseolina*)[101]. O composto (**11**) apresentou uma boa atividade contra bactérias gram positivas e gram negativas.

R = H, 4-OMe, 4-Cl,
4-NMe$_2$, 3-OMe-4-OH

(11)

A atividade antifúngica dos 6-amido-2-arilindóis (**12**, inibidor de HPK)[102] contra três proteínas bacterianas histidina-quinases. Inibe o crescimento de estirpes de *Saccharomyces cerevisiae* e *Candida albicans*, mas não inibe a histidina quinase em *S. cerevisiae até uma* concentração de 100 µM. Conclui-se que a molécula (**12**) apresenta uma propriedade antifúngica que é independente da inibição da histina quinase.

(12)

Uma série de derivados de pirazolilbisindole (**13**)[103] foram sintetizados através da ameaça de indóis substituídos com aldeídos de pirazol substituídos utilizando ácido fosfotúngstico, um ácido heteropolítico do tipo Keggin como catalisador e avaliando as suas actividades antimicrobianas. Estes compostos revelam propriedades antifúngicas prometedoras. As moléculas (R = OMe/Br, R1 = Br, R2 = R3 = H) são os compostos mais interessantes desta série, exibindo uma excelente atividade antifúngica.

R = H, Ph; R$_1$ = H, Br, NO$_2$;
R$_2$ = H, Et; R$_3$ = H, Cl, Br, OMe

(13)

Uma nova série de N-aril-3-heteroaril-2-metilindóis (**14**)[104] foi sintetizada através de uma série de reacções e analisada quanto às actividades antibacteriana e antifúngica. Estes compostos mostram uma maior atividade contra *E.coli*, enquanto nenhum dos compostos se mostrou altamente ativo contra *B. cirroflagellosus*. Estes compostos também apresentam uma boa atividade contra *penicillium* e *A. niger*.

(14)

Foi sintetizada uma variedade de 5-nitro-1H-indóis substituídos por grupos arilo[105] e estudado o seu efeito inibidor contra a bomba de efluxo NorA da bactéria patogénica humana *S.*

aureus, que é essencial para a resistência a múltiplos fármacos. Esta bomba confirma a resistência e ajuda na excreção de antibióticos estruturalmente dissimilares (antimicrobianos) como o brometo de etídio, a norfloxacina, a ciprofloxacina, a berberina e a acriflavina. Verificou-se que o composto [4-benziloxi-2-(5-nitro-1H-2-il)-fenil]-metanol (**15**) era o inibidor mais potente da bomba.

Foi sintetizada uma série de 3-(4-metoxicarbonil-2,6-dinitrofenil)indol, o seu análogo 2,6-diamino, e 3-(2- amino-4-trifluorometil-6-nitrofenil)indol, tendo sido comunicada a sua atividade antimicrobiana contra *Escherichia coli* e *S. aureus*. O 3-aril(heteroaril)indol (**15**) mais ativo[106] , como os homólogos de 4-(metoxicarbonil)fenil, enquanto o 3-(4-trifluorometil-2-nitrofenil)indol) foi considerado o agente mais ativo, exibindo MIC 7 1 mg/ml contra *E. coli* e *S. aureus*. Os azetidonil e tiazolidinonil-1,3,4-tiadiazino[6,5-b]indoles substituídos sintetizados como agentes antimicrobianos prospectivos. Verificou-se que estes compostos apresentam o maior efeito inibitório contra *E. coli* e *S. aureus*.

Foi relatada a síntese de 2- e 3-arilindóis e 1,3,4,5-tetrahidropirano[4,3-b]indóis a partir de indol e 5-metoxiindol e estudada a sua atividade antimicrobiana. Entre todos os compostos sintetizados, a atividade antimicrobiana mais significativa foi demonstrada pelos 2-aril-5-metoxiindóis (**16**)[107] contra o microrganismo gram positivo *Bacillus cereus*. O 5-metoxi-2-fenil-1H-indole apresentou a atividade mais significativa ((CIM = 3,91 p.g/ml) contra o agente patogénico gram-positivo *B. cereus*[13] . A remoção do grupo 5-OMe do 5-metoxi-2-fenil-1H-indole diminui a atividade para 625 ^g/ml, realçando a importância do grupo 5- OMe. A adição de três grupos metoxi no anel 2-arílico do 2-fenil-1H-indole aumenta a atividade antifúngica contra o *Cryptococcus neoformans* com um valor de CIM de 313 p.g/ml, não presente anteriormente em compostos sem estes grupos metoxi, enquanto a adição de um grupo metoxi adicional na posição 5 aumenta a atividade antifúngica contra esta espécie para 32,5 p.g/ml. É interessante notar que o grupo metoxi não precisa de residir no próprio núcleo do indol para conferir atividade, porque o composto sem qualquer substituinte apresenta um valor de CIM de 625 p.g/ml contra *C. neoformans*, enquanto um análogo que tem um único grupo metoxi em C-4 do grupo 2-arilo (não no anel indol) tem um valor de CIM de 58,5 p.g/ml contra o mesmo agente patogénico. Todos os compostos foram pouco activos contra os agentes patogénicos gram-negativos testados, embora se depreenda que a presença dos grupos metoxi melhora a atividade contra *C. neoformans*.

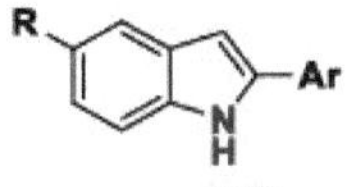

R = H, OMe

(16)

Foi comunicado um pouco de 3-fenilindole **(17)**, que é um inibidor da brassinina glucosiltransferase, uma enzima de desintoxicação de fitoalexina do fungo *Sclerotinia sclerotiorum*[108].

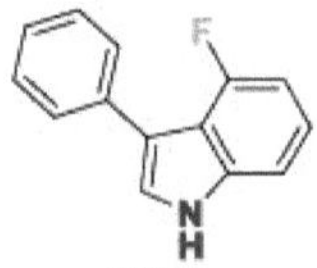

(17)

A síntese de diferentes indóis substituídos por N-1, C-3 e C-5 e a avaliação da sua atividade antifúngica contra *Candida albicans* e atividade antibacteriana contra *Escherichia coli*. Entre todas as moléculas sintetizadas, a molécula **(18)** foi considerada o agente antimicrobiano mais promissor. Foram desenvolvidos alguns derivados de desformilflustrabromina altamente activos, miméticos do indol. Os derivados de indol resultantes foram examinados quanto às actividades antibacterianas contra *E. coli*, *Acinetobacter baumannii* e *S. aureus*. O composto **(19)** apresentou excelentes actividades antibacterianas[109].

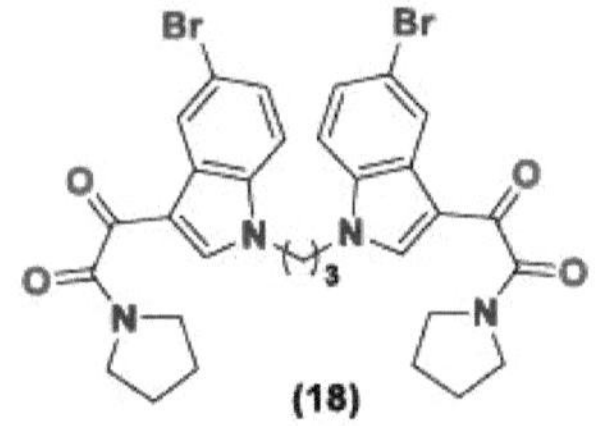

(18) 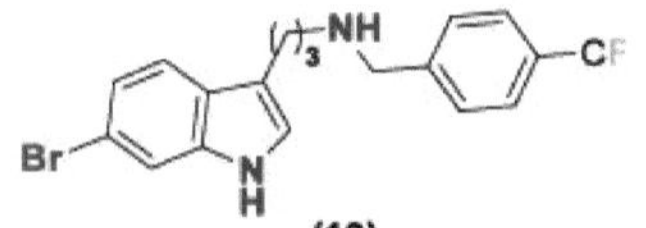　　　　　**(19)**

Foram concebidos alguns derivados de 2-indole-3-il-tiocroman-4-ona e testada a sua atividade antifúngica. Os resultados sugerem que a molécula **(20)** apresenta uma boa CIM contra *Cryptococcus neoformans*[110].

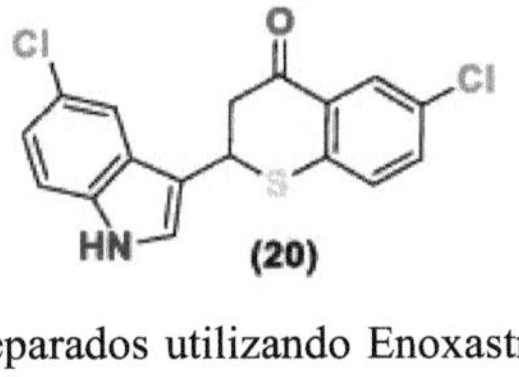

(20)

Os compostos de indol foram preparados utilizando Enoxastrobina e avaliados quanto à sua atividade fungicida *in vitro* contra *Pyricularia oryzae* e Botrytiscinerea743com 25 mg/L como concentração, indicando que o composto **(21)** possuía uma excelente atividade entre a série recentemente sintetizada[111].

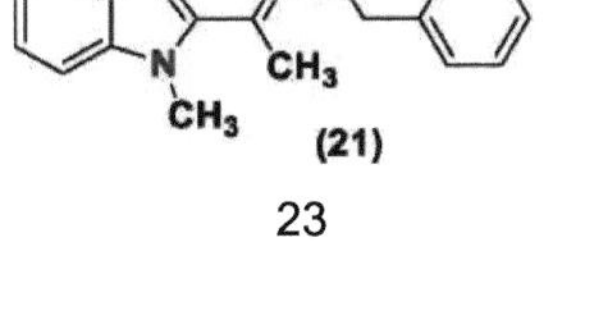

(21)

23

1.3.2. Estudo antiviral:

As doenças virais são disseminadas por vírus mais rapidamente do que as outras infecções. Algumas doenças virais conhecidas são aqui enumeradas - varicela, herpes, constipação comum, gripe, gastroenterite (gripe gástrica), vírus da imunodeficiência humana (VIH/SIDA) e hepatite. Estas doenças virais podem levar a complicações mais graves e potencialmente fatais. Estima-se que mais de 60% das doenças foram desenvolvidas por infecções virais nos países desenvolvidos. Os medicamentos antivirais desempenham um papel importante para evitar ou travar ou abrandar as epidemias de rápida propagação; mas o problema da utilização contínua destes medicamentos é o desenvolvimento de resistência aos medicamentos pelos agentes patogénicos que sofrem mutações ao longo do tempo, tornando-se menos susceptíveis ao tratamento. Por conseguinte, os químicos têm pela frente o desafio de desenvolver novas moléculas como medicamento antiviral. O andaime do indol é um dos mais estudados na investigação antiviral. Algumas moléculas à base de indol que apresentam estas propriedades são aqui analisadas. O arbidol e a delavirdina são os fármacos antivirais registados. Alguns derivados de indol, como a Atevirdina (inibidor não nucleósido da transcriptase reversa, utilizado no tratamento do VIH)[112] , GSK2248761 (Fosdevirina, FDV, anteriormente IDX-12899, utilizado como inibidor não nucleósido da transcriptase reversa)[113] , Golotimod (SCV-07, potente imunoestimulante, actividades imunoestimulante, antimicrobiana e antineoplásica)[114] , Panobinostat (LBH589, inibidor não seletivo da histona desacetilase (inibidor HDAC) para o tratamento do mieloma múltiplo (Fase III) e da leucemia mieloide aguda (Fase II))[115] , BILB 1941 (inibidor do NS5B de bolso 1, demonstrou atividade antivírica em doentes cronicamente infectados com o genótipo 1 do VHC)[116] , BMS-791325 (inibidor da polimerase dependente do ARN do VHC NS5B com fusão de indolobenzazepina ciclopropil, ensaio de fase III em curso)[117] , MK-8742 (inibidor tetracíclico do NS5A à base de indol, ensaios clínicos de fase 2b como parte de um regime totalmente oral, isento de interferão, para o tratamento da infeção por hepatite C)[118] e Enfuvirtide (fármaco peptídeo anti-HIV que tem como alvo a repetição heptadecimal gp41N-terminal (NHR))[119] estão ativamente a ser submetidos a diferentes fases de avaliação clínica. O estudo clínico de fase I da atevirdina não conseguiu demonstrar uma atividade antirretroviral significativa[120] . O GSK2248761 mostra uma boa atividade contra uma vasta gama de estirpes do VIH-1, incluindo isolados clínicos resistentes ao efavirenz (EFVR)[121] . Está ainda em curso um ensaio de fase 2 com o SCV-07 para atenuar a mucosite oral em indivíduos com cancro da cabeça e do pescoço; no entanto, não está previsto qualquer outro estudo para a hepatite C .[122]

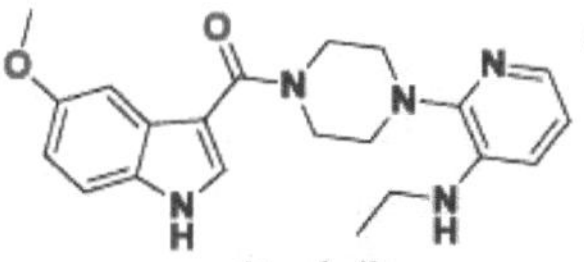

Atevirdine

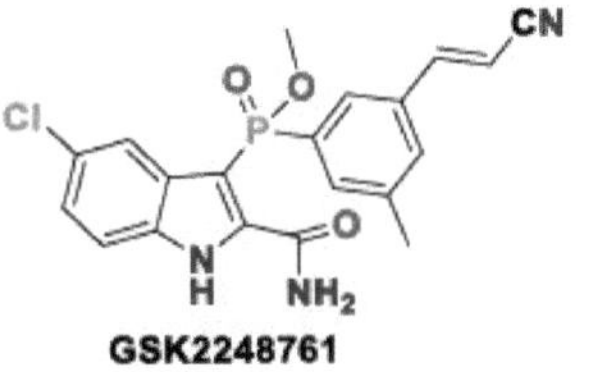

GSK2248761

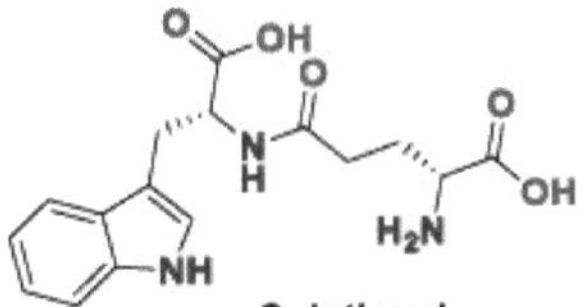

Golotimod

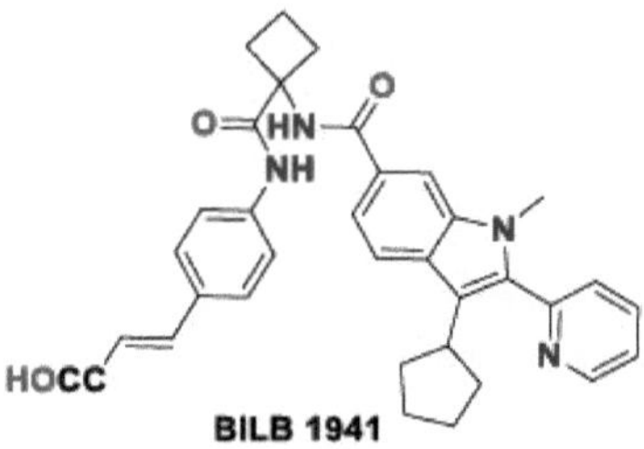

BILB 1941

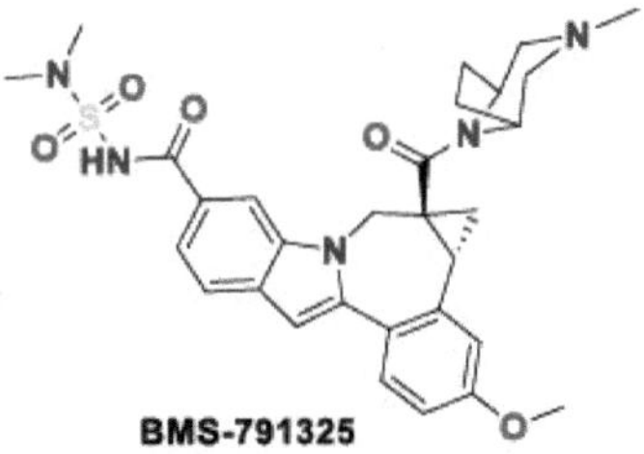

BMS-791325

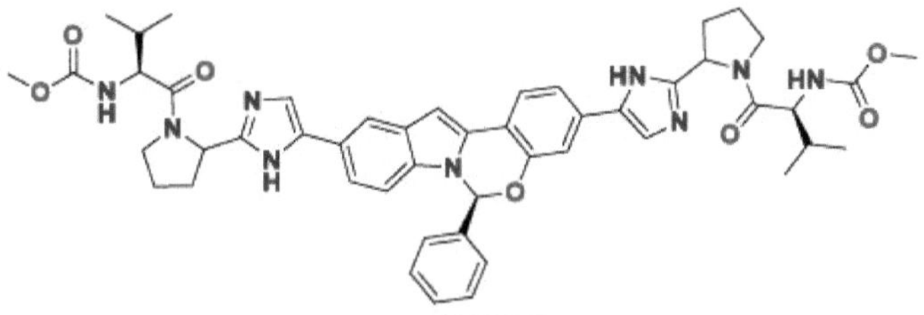

MK-8742

Foi sintetizada uma série de derivados do 1H-indole-3-carboxilato de etilo e avaliada a sua infeção crónica pelo VHC[123] . Alguns compostos (1-4) exibiram fortes efeitos anti-HCV, enquanto os compostos 2, 3 e 4 apresentaram índices de seletividade mais elevados de inibição da entrada e da replicação. De todos os sucessos sintéticos iniciais, o composto 3 foi o candidato mais potente. Isto indica que o núcleo do indol, mais do que os substituintes, pode atuar como farmacóforo antiviral.

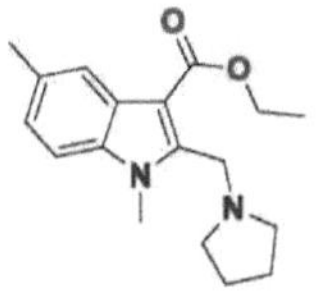

(1)

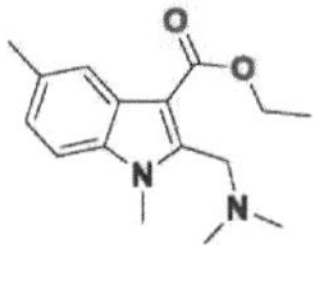

(2)

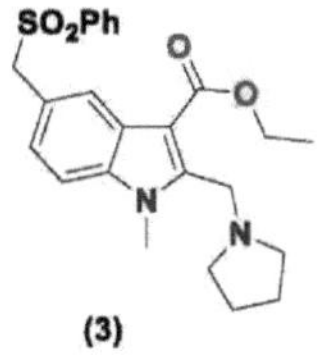

(3)

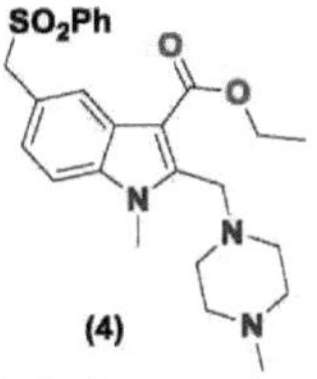

(4)

O avanço de agentes anti-HIV eficazes deve exigir que se dê ênfase a alguns novos compostos estruturais com mecanismos específicos. Os derivados do indol exibem uma atividade anti-HIV notável e muitas instituições de investigação estão agora a comunicar continuamente as novas descobertas. Alguns derivados substituídos de indole-piperazina foram sintetizados e examinados quanto à atividade antiviral. Entre todos os compostos testados, o composto (5) (IC50 (nM) = 2,59 para JRFL) mostra uma potencial atividade antivírica contra o vírus VIH-1[124] . Noutro relatório, algumas modificações ou substituições no anel piperazina produzem inibidores do VIH-1 com valores mais baixos, com exceção do composto (6) (IC50(nM) = 3,1 para LAI), que foi quase idêntico ao protótipo (5)[125] .

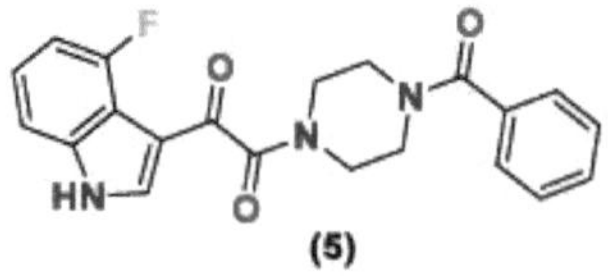

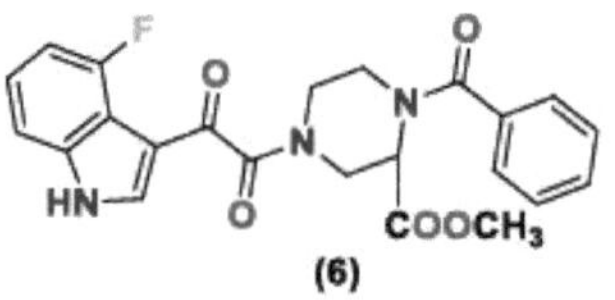

Os híbridos de fenilfosfinato-indoles são também conhecidos como inibidores não-nucleósidos da transcriptase reversa (NNRTI)126. Foram sintetizados alguns híbridos de indol com diferentes ligações de fósforo. A molécula (7) exibiu um forte potencial contra o VIH-1, para além dos vírus com Y181C e K103N, com EC50 de atividade razoável (0,68-10,1 nM).

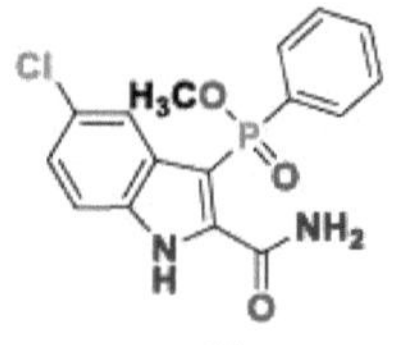

Foram sintetizadas algumas dolilarilsulfonas (IAS) com substituintes cíclicos na indole-2-carboxamida ligados através de um espaçador de hidrocarbonetos, que mostram uma forte inibição da replicação do VIH-1 WT em CEM e células mononucleares do sangue periférico (PBMC) com concentrações inibitórias (IC)[127] . A molécula (8) mostrou uma potência antiviral contra as estirpes L100I e K103N RT do VIH-1 em células MT-4, superior à do efavirenz (EFV). Os derivados de IASs com substituintes azotados na indole-2-carboxamida mostraram atividade antiviral[128] . A molécula (9) foi consistentemente eficaz contra os mutantes Y181C, Y188L e K103N do VIH-1 e também mostrou uma forte atividade contra a estirpe mutante IRLL98 multirresistente do VIH-1 e vários clados A do VIH-1 em PBMC.

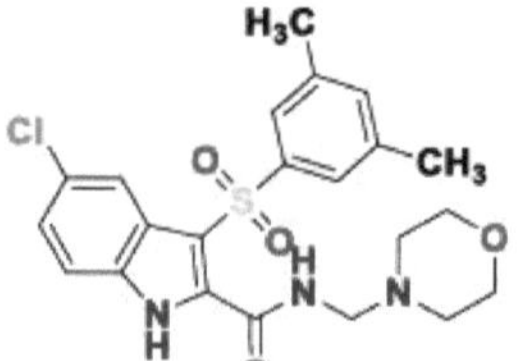

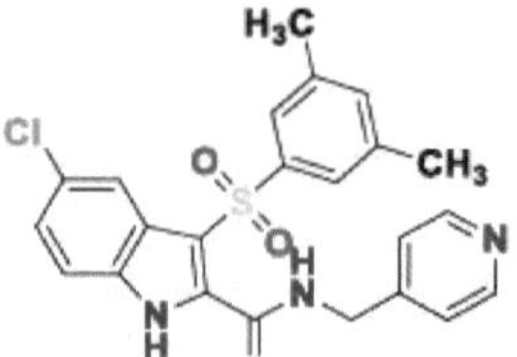

Uma nova molécula à base de indol-piperazina (10) foi referida como apresentando uma forte inibição da ligação do VIH-1[129] . Foram sintetizadas algumas séries modificadas de derivados de indol-tiofeno e avaliadas as suas propriedades anti-HIV-1[130] . Entre as moléculas testadas, a molécula
(11)inibiu o VIH-1IIIB (C8166) com EC50 1,1 pM.

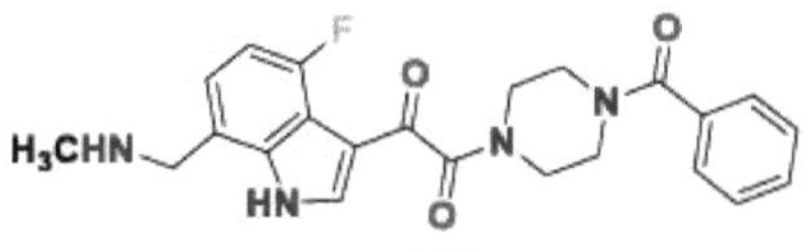

(10)

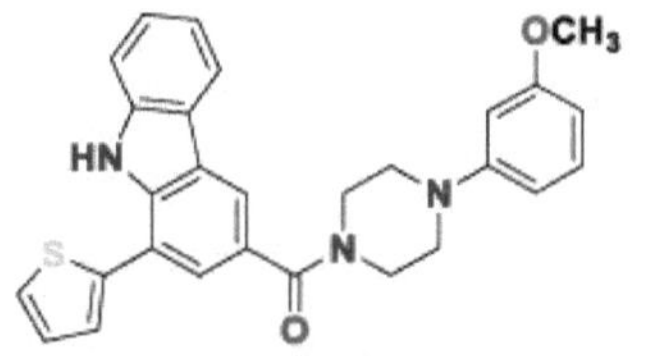

(11)

Uma série de derivados de indol com o grupo trifluometilo foi concebida e as suas actividades anti-HIV-1 foram comunicadas[131] . A molécula (**12**) mostra actividades potenciais contra o VIH-1 WT que é comparável ao padrão como o Efavirenz mas superior à Nevirapina.

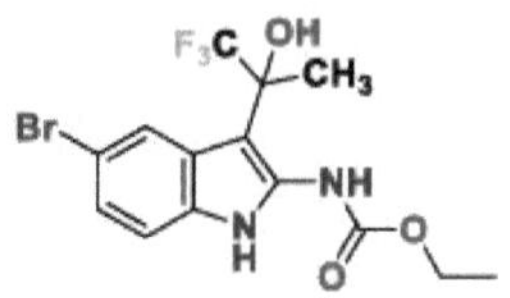

(12)

Foi sintetizada uma série de indol-carboxilatos e avaliadas as actividades anti-HCV em células Huh-7.5[132] . Entre todas as moléculas testadas, a molécula (**13**) mostra uma atividade anti-HCV *in vitro* notável com valores IC50 (5 e 3pM) nos ensaios de entrada e replicação, numa gama semelhante de Arbidol (2 e 1 pM, respetivamente).

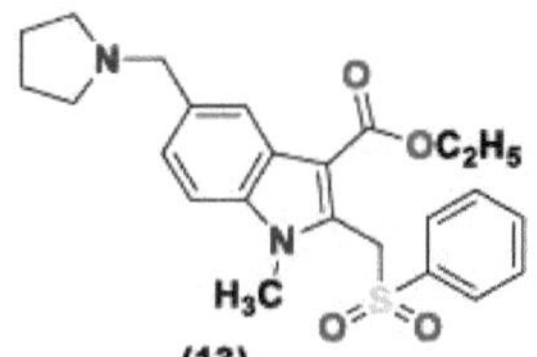

(13)

Foram sintetizados alguns compostos pirano-indol e estudadas as suas relações estrutura-atividade (SAR) da polimerase NS5B do vírus da hepatite C[133] . Verificou-se que a molécula (**14**) era significativamente potente contra a enzima NS5B (EC50 = 0,02 µM).

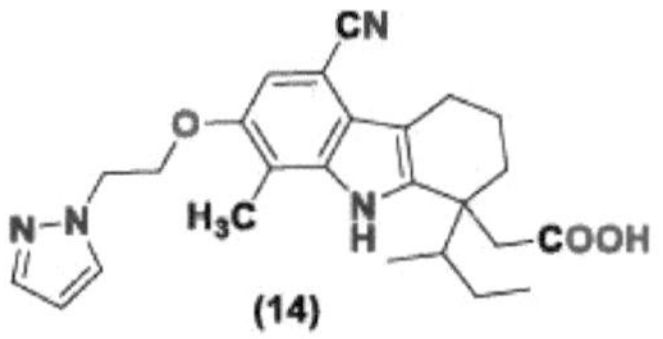

(14)

Foram sintetizados alguns derivados de indol com uma interação bidentada com a proteína que apresenta atividade inibidora da polimerase NS5B do VHC[134] . A SAR sugeriu que a molécula (**15**) (IC50 = 0,032 µM, réplica com concentração efectiva de EC50 = 1,4 µM) e (**16**)(ICso = 0,017 µM, réplica EC5o= 0,3 µM) com melhor atividade enzimática e de réplica.

Foi sintetizada uma classe de dihidropiridina-indole-carboxamida (**17**) que possui forte inibição em ambos os ensaios da enzima NS5B (IC50= 0,008 ɥM) e replicon baseado em células (EC50 = 0,02 ɥM)[135] . Foram sintetizados os indóis macrocíclicos (**18**) que exibem uma atividade encorajadora contra a enzima NS5B (IC50 = 0,11 ɥM) e ensaios de replicão baseados em células (EC50 = 0,19 ɥM)[136] .

Alguns macrociclos tetracíclicos à base de indol foram sintetizados e avaliados como inibidores da enzima HCVNS5B[137] . Entre as moléculas sintetizadas, a molécula (**19**) combina potência celular nanomolar (EC50 de 82 nM) com toxicidade celular mínima associada (CC50> 20 ɥM). Foi sintetizado um conjunto de três indóis e avaliado o seu perfil de inibição da replicação do VHC[138] . A partir dos estudos SAR destes indóis, verificou-se que a molécula (**20**) era o inibidor mais potente da replicação do VHC com citotoxicidade mínima (EC50 = 1,1 ɥM, EC90 = 2,1 ɥM e CC50 = 61,8 ɥM).

1.3.3. Agentes anti-inflamatórios e analgésicos:

Os fármacos anti-inflamatórios são conhecidos como fármacos anti-inflamatórios não esteróides (AINE), que inibem as enzimas ciclo-oxigenase (COX) e as prostaglandinas no corpo humano, reduzindo assim a inflamação. Os fármacos que contêm o grupo indol, como a indometacina e a melatonina, são conhecidos pela inibição da COX-1,2 pela produção de radicais livres e pelos efeitos imunomoduladores, respetivamente[139] . A atividade de limpeza das moléculas de fármacos anti-inflamatórios contra as espécies reactivas de oxigénio (ROS, oxigénio singlete) pode ser de grande importância terapêutica. O composto (1) possui uma atividade anti-inflamatória (44,4% de atividade) e uma atividade analgésica de 68,6%[140] .

Foi sintetizada uma série de híbridos de indol-oxazol e testada a sua atividade anti-inflamatória contra o edema induzido por carragenina em ratos albinos numa dose de 50 mg/kg por via oral. De entre todas as moléculas testadas, o composto (2) apresentou uma forte atividade anti-inflamatória de 53,3% e analgésica de 51,4%[141] . Foi relatado que o composto (2-clorofenil)(1-fenil-2,3-dihidropirazolo[3,4-*b*]indol- 8(*1H*)-il)metanona(3) **apresenta uma atividade** anti-inflamatória e analgésica[142] .

Os compostos (4) e (5) são os híbridos de indoleimidazolidinona que exibem uma boa atividade anti-inflamatória comparável à da indometacina numa dose de 3 mg/kg e 10 mg/kg, respetivamente[143] . Um novo derivado de indol que contém um anel pirazol (6) foi também descrito como possuindo atividade anti-inflamatória com um valor IC50 de 48 µM em comparação com a indometacina[144] .

Foram sintetizados diferentes derivados de oxoindole e avaliadas as suas propriedades analgésicas. Entre todas as moléculas sintetizadas, a molécula (7) mostrou uma inibição considerável e seletividade para a COX-2 em relação à COX-1. A concentração de 5 mg/kg da molécula (7) reduziu o número de lambidas da pata devido à dor induzida pela capsaicina em ratos albinos em 76%, o que é superior à redução (68%) da utilização de diclofenac na concentração de 25 mg/kg, o que sugere que a molécula (7) apresenta uma atividade analgésica mais forte do que a do diclofenac[145] .

(7)

Foram sintetizados alguns derivados de chalcona à base de indol e estudada a sua inibição da COX, tendo a molécula (8) um valor de IC50 de 8,1 ± 0,2 mg/mL e sido considerada o inibidor mais eficaz da COX-1, enquanto que o valor de IC50 de 9,5 ± 0,8 mg/mL contra a COX-2 foi comparado com o da indometacina[146] .

(8)

1.3.4. Atividade anti-cancerígena:

Foram comunicados vários indóis e os seus análogos que apresentam um amplo espetro de atividade anticancerígena. Foi sintetizada uma série de híbridos de ácido indol-barbitúrico e examinada a sua atividade anticancerígena em mais de 60 linhas celulares de células cancerígenas humanas[147] . Uma molécula (1) demonstrou actividades anticancerígenas significativas contra várias linhas celulares de cancro do pulmão de células não pequenas (NSCLC), cancro do ovário, cancro do SNC, cancro do cólon, cancro renal (inibição de 95% de TK-10) e cancro da mama.

(1)

Foi sintetizada uma série de arilsulfonilindoles e avaliada a sua atividade de inibição da histona desacetilase (HDAC)[148] . A molécula (2) mostrou fortes actividades antiproliferativas com valores GI50 variando de 0,41 a 1,18 μM contra linhas celulares de cancro humano MDA-MB-231, Hep3B, PC-3 e A549, o que é melhor do que o vorinostat (SAHA). Também manteve atividades significativas de inibição de isoenzimas com valores de IC50 de 1,0 nM para HDAC-6, 4,0 para HDAC-2 e 12,3 para HDAC-1 quase semelhantes ao vorinostat.

(2)

Foi preparada uma série de híbridos de indolil-tiadiazol e avaliada a sua citotoxicidade contra seis linhas celulares de cancro humano[149] . A molécula de indolil-tiadiazol (3) mostrou uma excelente atividade no controlo e retardamento das células cancerígenas pancreáticas (IC50 1,5 μM, PaCa2). Alguns híbridos de indol-imidazol[150] foram sintetizados e submetidos a análise SAR para actividades antiproliferativas *in vitro* contra linhas de células cancerígenas. O resultado sugere que a molécula (4) foi eficiente contra todas as linhas celulares comoHL60/TX1000(IC50 (μM) = 0,05, leucemia)e MES- SA/DX5 (IC50 (μM) = 0,02, MDR uterino).

Um novo derivado do tetraindole (5) mostrou uma excelente atividade anticancerígena nas linhas celulares e no enxerto tumoral do rato nu[151] . O tetraindole aumenta a produção de ROS mitocondrial e provoca danos no ADN das células cancerosas; IC50 = 3,40 para A549 (linhas celulares de cancro do pulmão humano) e IC50 = 0,38 para CE48T (linhas celulares de carcinoma esofágico). Mostrou também um forte efeito inibidor do crescimento sem efeitos adversos na função hepática e renal dos ratos tratados, o que indica um composto provável para o tratamento do cancro.

Um derivado de indol (6) inibiu o crescimento de linhas celulares de cancro humano a partir de tratamento *in vitro* com valores IC50 que variam entre 34-162 nM[152] . Uma série de moléculas de bis-indole com núcleo de piridina ou piperazina como ligante foi submetida à avaliação da atividade antitumoral[153] . A molécula (7) com o anel piridina como ligante teve uma forte atividade contra os painéis de linhas celulares de cancro da mama testados (MDA-MB-231, MCF-7 e Hs578T), com IC50 a variar entre 0,23-0,4 p M.

Foi sintetizada uma série de novos híbridos de pirrolo-benzodiazepinas ligados ao indol e examinadas as suas actividades antitumorais (*in vitro*) contra 60 linhas de células tumorais humanas[154] . O valor médio de GI50 para a molécula (8) é de 0,182 pM e mostra uma forte e potente atividade anticancerígena, inibindo o crescimento de várias linhas de células cancerígenas. Os derivados de indol-pirimidina com vários substituintes, tais como amino, halogéneo e nitro, foram sintetizados e comunicados quanto às suas actividades antiproliferativas *in vitro* em relação a várias células cancerosas[155] . A molécula (**9**) foi considerada o derivado mais ativo com valores IC50 mais baixos entre os compostos testados.

Uma nova classe de benzotiazol-indole foi avaliada quanto à *sua* atividade antitumoral in *vitro* contra quatro linhas de células cancerosas. A molécula (**10**) mostrou uma excelente atividade antitumoral contra as linhas celulares HT29, H460, A549 e MDA-MB-231[156] . Foram sintetizados alguns peptidomiméticos contendo triptamina e estudadas as suas actividades antitumorais contra linhas celulares de cancro humano, incluindo Huh-7, HepG2 e A875. A molécula (**11**) mostrou fortes actividades citotóxicas contra a linha celular BEL-7402, que se mostra resistente ao 5-fluorouracil de controlo[157] .

Uma série de híbridos de indol-celastrol foi sintetizada e estudada quanto à sua atividade citotóxica contra o carcinoma hepatocelular humano Bel7402 e a linha celular de glioblastoma humano H4[158] . Entre os compostos recentemente sintetizados, a molécula (**12**) mostrou excelentes actividades antiproliferativas *in vitro* contra as células cancerígenas Bel7402 (IC50 = 0,01 цM).

Diferentes indóis 3-substituídos foram sintetizados de forma eficiente através de uma reação de acoplamento de três componentes num único local entre benzaldeído substituído ou não substituído, N-metilanilina e indol ou N-metilindole utilizando Yb(OTf)3-SiO2 como catalisador em acetonitrilo à temperatura ambiente e avaliaram a sua inibição da proliferação celular do adenocarcinoma do ovário humano (SK-OV-3), do carcinoma do cólon humano (HT-29) e da atividade da cinase c-Src[159] .

O composto (**13**) inibiu a proliferação celular das células SK-OV-3 e HT-29 em 70-77% a uma concentração de 50 lM.

Alguns derivados à base de indol foram analisados quanto à sua atividade inibidora da Topo I e à sua atividade antiproliferativa[160] . 5-(1H-indol-3-yl-methylene)-3-amino-2-thioxothiazolidin-4-one (14), 5-(1H-indol-3-yl-methy-lene)-2-thioxo-thiazolidin-4-one (15), 5-(1H-indol-3-yl- methylene)-thiazolidin-2,4-dione(16)and5-(1H-indol-3-yl-methylene)-2-

tioxoimidazolidina-4-ona (17) não apresentaram atividade inibidora do Topo, mas actuaram como agentes antiproliferativos quando testados contra linhas celulares de leucemia (HL60, K562) e cancro da mama (T47D e MCF7). Podem ser efectuados estudos espectrofotométricos UV-Vis e de fluorescência para verificar o tipo de ligação ao ADN. A interação com o ADN foi confirmada por efeitos hipercrómicos e hipocrómicos e o estudo sugeriu que as constantes de ligação variavam entre 4,51-7,26 x 10 M^{4-1} , sugerindo a ligação ao sulco.

1.3.5. Atividade anti-oxidante:

Diferentes vias fisiológicas do corpo humano estão associadas a espécies reactivas de oxigénio (ROS). No entanto, o excesso de radicais livres ou de oxigénio singlete pode causar danos aos sistemas biológicos, como as proteínas, os lípidos e o ADN no interior das células. Sabe-se que os sistemas à base de indol possuem propriedades antioxidantes notáveis que protegem tanto as proteínas como os lípidos da peroxidação em sistemas biológicos[161] .

Foi sintetizada uma nova série de derivados de indol-triazol e avaliada a sua atividade antioxidante[162] . Os testes *in vitro* de todas as moléculas sintetizadas mostram actividades moderadas a excelentes, a molécula (1) exibiu maior atividade antioxidante tanto em testes *in vitro* como *in vivo*. A síntese de indóis *N-H* e *N-substituídos* foi relatada e avaliada a sua atividade antioxidante utilizando a atividade antiperoxidação lipídica (LP) e a formação anti-superóxido (SOD)[163] . Os resultados sugerem que a molécula (2) possui atividade de formação de anti-superóxido a uma concentração de 10^{-4} M.

Foram sintetizados novos híbridos de tacrina-melatonina e avaliadas as suas propriedades antioxidantes. Estas moléculas mostram uma forte capacidade de absorção do radical oxigénio e inibição da acetilcolinesterase humana (AChE)[164] . Verificou-se que a molécula (3) apresenta a inibição mais forte da AChE humana, que foi 40000 vezes mais forte do que a tacrina padrão, com um IC50 de 8 pM, seguida pela butirilcolinesterase humana (BuChE) com 1000 vezes, IC50= 7,8 nM. As propriedades de eliminação de radicais e antioxidantes dos di-hidroindenoindóis foram avaliadas utilizando vários metodólogos *in vitro*[165] como radicais livres de 1,1-difenil-2-picril-hidrazil (DPPH–), radicais de ácido 2,2'-azino-bis(3-etilbenztiazolina-6-sulfónico (ABTS^{-+}), eliminação de H2O2 e propriedade quelante de iões ferrosos (Fe^{2+}). Entre todas as moléculas testadas, (4) mostrou a mais forte
Atividade de eliminação de H2O2.

Foi sintetizada uma série de moléculas de indole-barbitona e avaliadas as suas actividades antioxidantes[166] . Entre as moléculas testadas, verificou-se que a (5) tem uma atividade antioxidante muito forte. Além disso, alguns derivados de melatonina-indole-aminoácidos foram avaliados quanto à sua atividade antioxidante. A análise sugeriu que a molécula (6) apresenta melhor atividade do que a melatonina a 10^{-3} M de concentração em DPPH e potentes actividades no ensaio de inibição da peroxidação lipídica (42%) a 10^{-3} M de concentração[167] .

1.4. Síntese de compostos à base de indol:

O indole foi sintetizado pela primeira vez em 1866 por Adolf von Baeyer[168] . Devido às suas diversas aplicações nas ciências biológicas e farmacológicas, foram registados vários protocolos de síntese. Foi sintetizado a partir de derivados de 2-metil nitrobenzeno[169] , anilina[170] , hadrazidas de fenilo[171] , ácido 2-nitrocinâmico[172] , N-(2-vinilfenil) etanotiamida[173] , acetanilida 2-substituída[174] , nitrobenzeno[175] , 2-iodoanilina[176] .

As primeiras moléculas à base de indol foram sintetizadas a partir de uma aril-hidrazona por Fischer e Jourdan em 1883, através do tratamento da 1-metilfenil-hidrazona do ácido pirúvico com cloreto de hidrogénio alcoólico (esquema 1.1)[177] . A aril-hidrazina foi tratada com um composto carbonílico na presença do ácido de Bronsted ou do ácido de Lewis, formando o correspondente derivado de indol através do intermediário hidrazona. A fenil-hidrazina foi reagida com ácido 2-oxopropanóico na presença de cloreto de zinco ou tricloreto de fósforo formando indol (esquema 1.2)[178] .

Esquema 1.1:

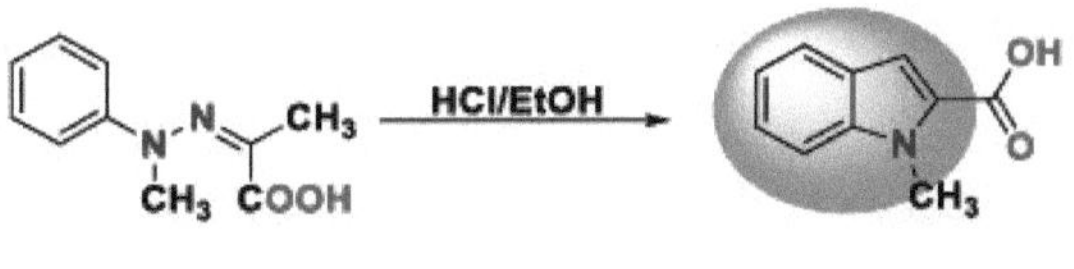

Esquema 1.2:

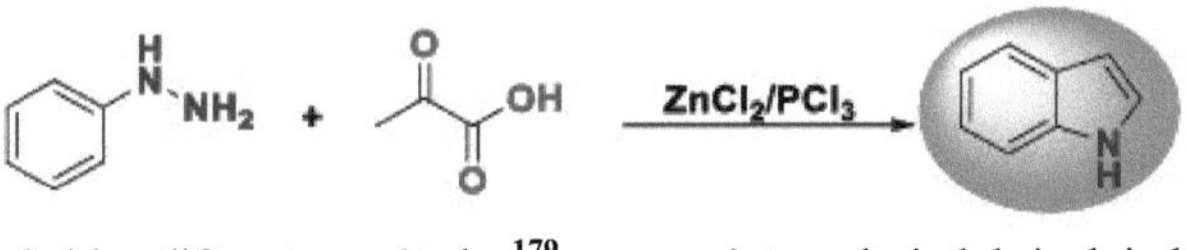

Também são referidos diferentes métodos[179] para a síntese do indol, incluindo a redução do oxindol por passagem sobre óxido de zinco quente; a redução do 2,3-dicloroindol[180] ; a redução do indoxilo utilizando amálgama de sódio, pó de zinco e álcalis[181] ; a partir da anilina e do éter a,e-dicloroetílico[182] , etc.

Recentemente, foram feitas algumas modificações interessantes nesta reação; por exemplo, utilizando N-trifluoroacetil enehidrazinas como substratos, a reação pode ser conduzida em condições de reação suaves, como em THF sob condição de refluxo num curto período de tempo (esquema 1.3)[183] . Esta reação é conduzida na ausência de catalisador ácido.

Esquema 1.3:

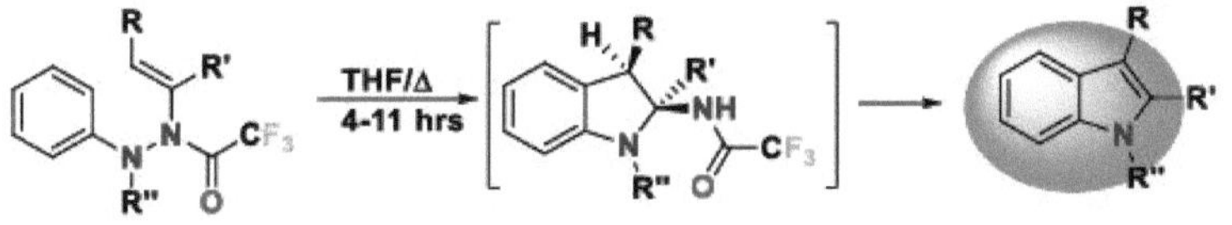

Algumas hidrazidas de arilo protegidas com Cbz são submetidas a reacções de indolização de Fischer, utilizando catalisadores de ácido sulfúrico, para formar N-Cbz-indoles sem desproteção dos grupos *N-carbamato* (esquema 1.4)[184] .

Esquema 1.4:

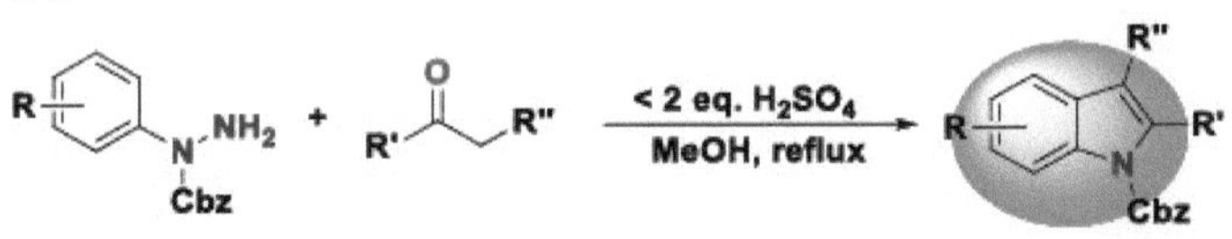

Diferentes derivados de N-tosil hidrazonas foram adicionados aos arienos gerados através da ativação por fluoreto de precursores de 2-(trimetilsilil)fenil triflato, conduzindo a uma N-arilação eficiente[185] . A adição de um ácido de Lewis, como o trifluoreto de boro eterato, ao mesmo vaso de reação permite obter produtos N-tosilindole através da ciclização de Fischer (esquema 1.5).

Esquema 1.5:

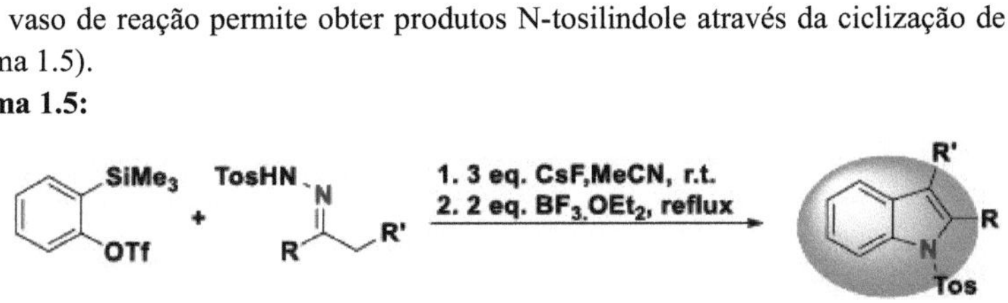

Os indóis funcionalizados foram sintetizados numa fusão de ácido tartárico-dimetilureia que desempenha o papel de solvente e catalisador a 70⁰ C (esquema 1.6)[186] . Nestas condições de reação, foram tolerados os grupos funcionais quimicamente sensíveis/reactivos, tais como *N-Boc*, N-Cbz ou azidas.

Esquema 1.6:

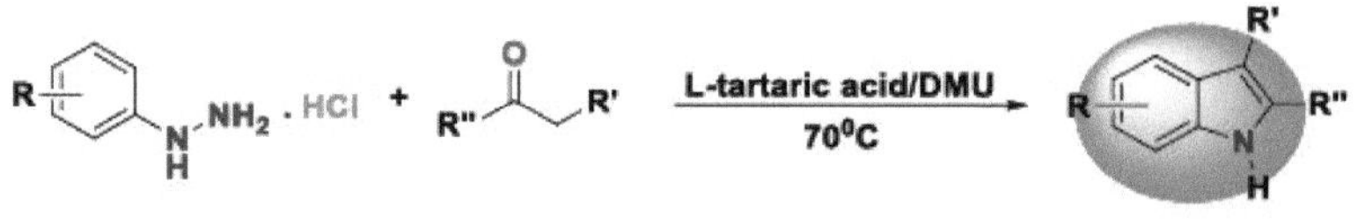

Descobriu-se que os novos líquidos iónicos funcionalizados com SO3H [(HSO3-p)2im][HSO4] contendo dois grupos de ácido alquilsulfónico nos catiões de imidazólio são catalisadores para a síntese de indol de Fischer num único local a partir de fenil hidrazina e cetona em meio aquoso (esquema 1.7)[187] . Este sistema catalisador 36

Este sistema de catalisadores foi considerado melhor do que os ácidos de Bronsted, tais como p-TsOH, HCl, H2PO4, H2SO4, etc.Foram descritos alguns catalisadores ácidos para a ciclização de N-aril-hidrazonas enolizáveis, seguida da síntese de indol de Fischer, utilizando ácidos de Bronsted (H2SO4, HCl, PPA, AcOH, TsOH)[188] , ácidos de Lewis (PCl3, ZnCl2, TiCl4)[189] , ácidos sólidos (zeólito, argila montmorilonítica)[190] e síntese em fase sólida[191] .

Esquema 1.7:

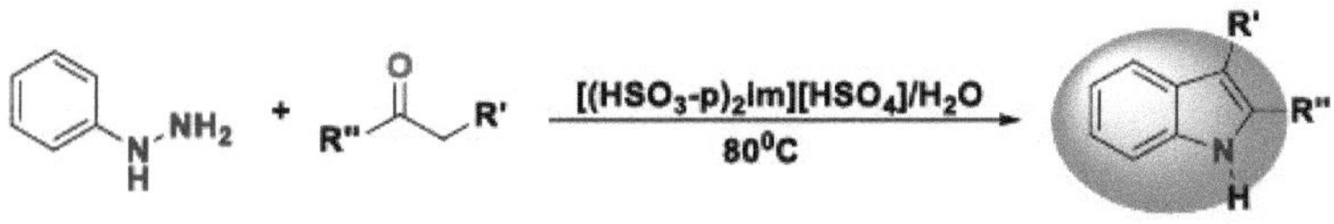

Uma nova síntese modificada do indol de Fischer utilizando álcoois primários e secundários (que foram cataliticamente oxidados in-situ) e fenil hidrazina N1-substituída na presença de ácidos de Lewis (BIPHEP e ZnCl2) ou sob irradiação de micro-ondas (a 130° C) para formar os indóis correspondentes num só passo (esquema 1.8)[192] . O principal objetivo desta reação foi a utilização de álcoois em vez de aldeídos ou cetonas e oferece um manuseamento fácil e seguro.

Esquema 1.8:

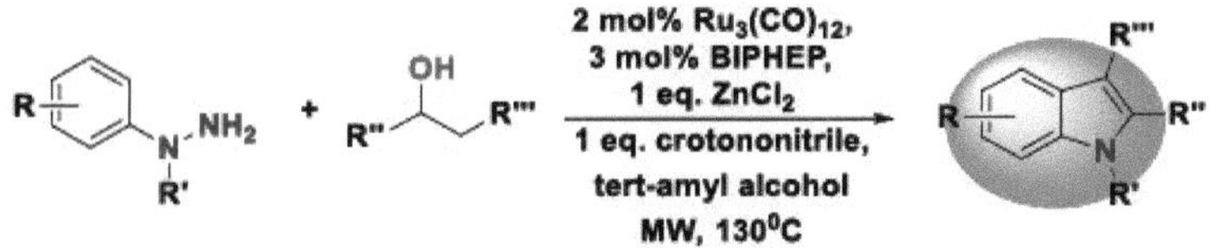

A isomerização de Heck de brometos de arilo e álcoois alílicos na presença de Pd2dba3 e de um ligando à base de pirrolo, formando 3-alquilpropanos que podem ser facilmente transformados em 3-alquilmetilindóis através da síntese de indol de Fischer sob irradiação de micro-ondas, numa sequência de três componentes com bons rendimentos (esquema 1.9)[193] . Esta sequência foi expandida para uma síntese de quatro componentes de isomerização de Heck - indolização de Fischer - alquilação (HIFIA).

Esquema 1.9:

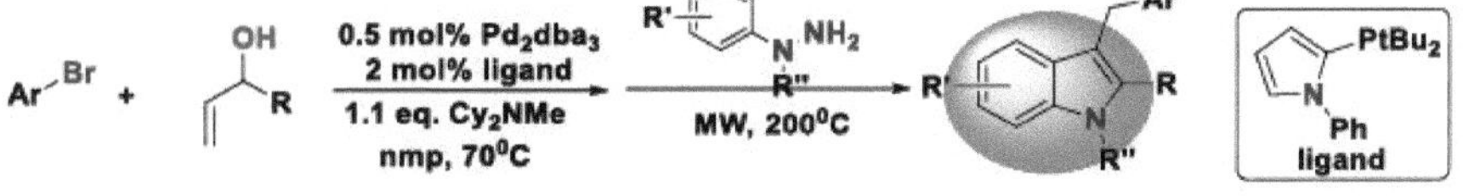

Foi descrito um novo sistema de catalisadores como o TiCl4 e o t-BuNH2 para as reacções de hidroaminação altamente regiosselectivas entre alcinos utilizando hidrazinas e, simultaneamente, o tetracloreto de titânio (pré-catalisador) pode transformar as hidrazonas geradas em derivados de iodole em tolueno sob atmosfera de azoto (esquema 1.10)[189b] . Os resultados sugerem que os alquinos terminais são substratos mais reactivos. Além disso, o cloridrato de hidrazina dá bons resultados na presença de excesso de terc-butil amina.

Esquema 1.10:

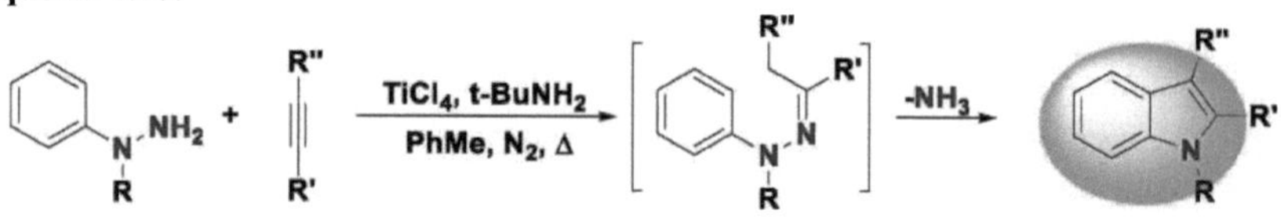

Recentemente, uma abordagem atomicamente económica para a síntese de estruturas de indol através de reacções de hidroaminação intermoleculares catalisadas por titânio-amida[194] de alcinos e hidrazinas 1,1-dissubstituídas, seguida de uma ciclização utilizando 3-5equiv ZnCh a 1000C (esquema 1.11)[195] .

Esquema 1.11:

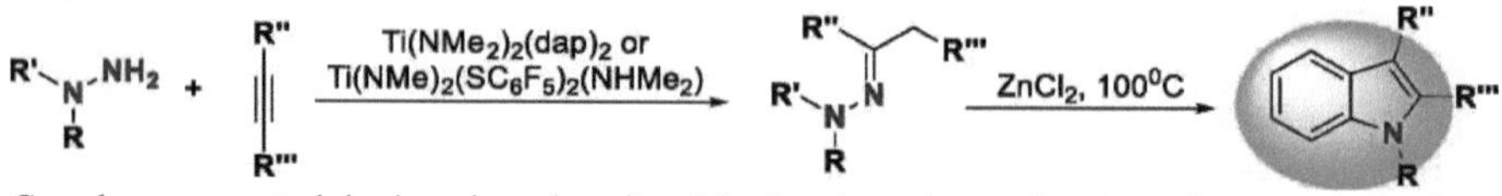

Com base na metodologia acima descrita, foi relatada a síntese de triptamina num único lote através da hidroaminação de cloroalquilalcinos terminais[196] e a síntese de indóis 2,3-dissubstituídos a partir de aril-hidrazinas e alcinos, utilizando catalisador de cobalto na presença de AgSbF6 e Zn(OTf)2 em DCM a 50 C[0197] .Nos principais casos de combinações de substratos, basicamente em alcinos internos, foi necessária uma adição subsequente de 3 a 5 equiv ZnCl2 para converter a hidrazona intermédia no derivado de indol correspondente (esquema 1.12).

Esquema 1.12:

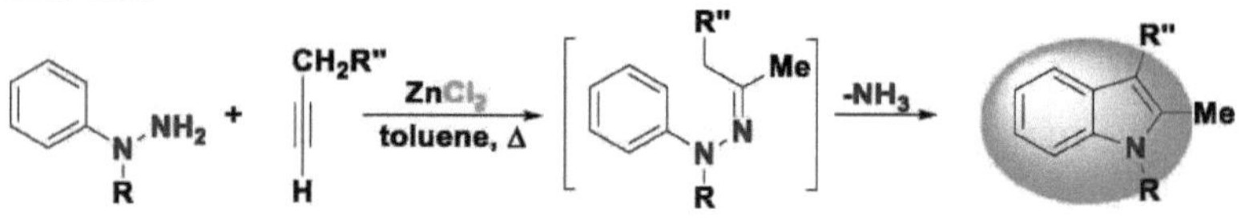

Os 3-amidoindóis substituídos foram facilmente sintetizados a partir de aril-hidrazinas e propargilaminas disponíveis no mercado através de uma reação mediada por sal de Zn com excelente regiosselectividade e excelente rendimento (esquema 1.13)**198**. Esta reação também foi realizada utilizando ZnBr2 sob irradiação de micro-ondas para aril-hidrazina substituída por N1 e aril-hidrazina substituída com rendimento bom a excelente[199]

Esquema 1.13:

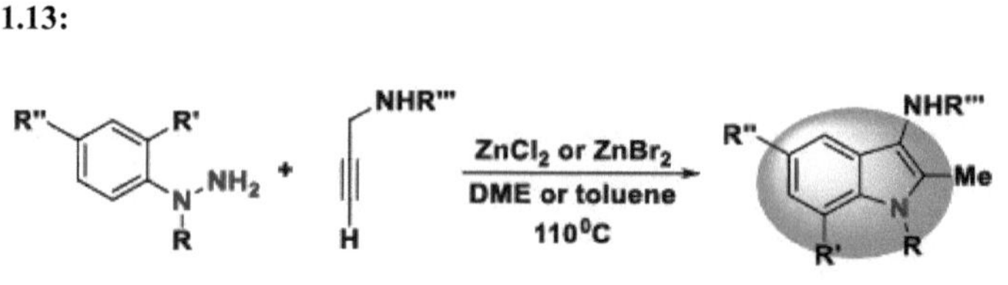

Em vez de hidrazina, foi relatada a ciclização catalisada por Rh(III) de N-nitrosoanilinas com alcinos para a síntese de indóis 1,2,3-trisubstituídos na presença de uma quantidade catalítica de [RhCp*Cl2]2 e AgSbF6 (esquema 1.14)[200] . Esta síntese pode tolerar vários grupos funcionais e ser efectuada tanto em condições ácidas como básicas.

Esquema 1.14:

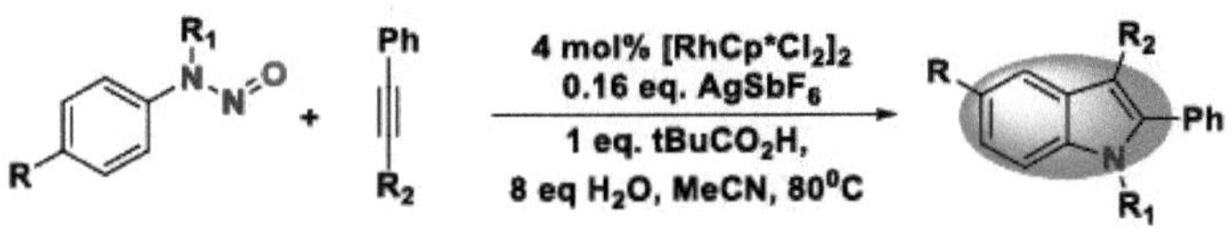
R1
N
N
O
R
+
Ph
R2
4 mol% [RhCp*Cl2]2
0.16 eq. AgSbF6
1 eq. tBuCO2H,
8 eq H2O, MeCN, 80°C
R
R2
Ph
N
R1

As 3-aminoindolinas foram sintetizadas por um acoplamento de três componentes de aminas secundárias, ortoaminobenzaldeídos protegidos com N e acetilenos terminais utilizando catalisador de cobre (esquema 1.15). Os rendimentos do produto variam de fracos a quantitativos. Foi também relatada a síntese de 3-aminoindóis[201] por isomerização in situ das indolinas utilizando carbonato de césio. Foi efectuada uma isomerização por detosilação de uma N-tosil indolina de forma quantitativa utilizando pó de magnésio[202] .

Esquema 1.15:

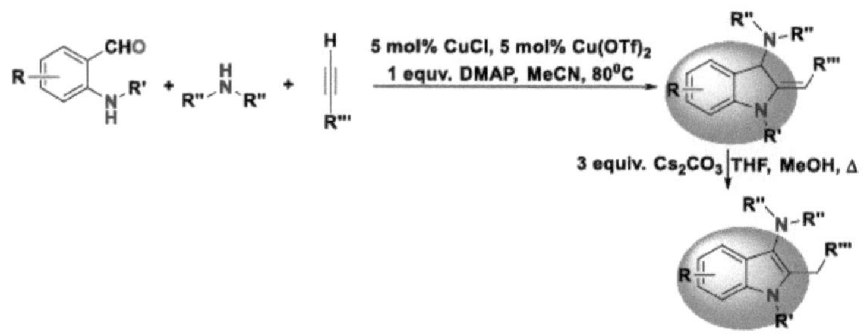

Uma o-ciano N-benzil anilina foi ciclizada na base forte do indol em DMF e anidrido acético (esquema 1.16)[203] .

Esquema 1.16:

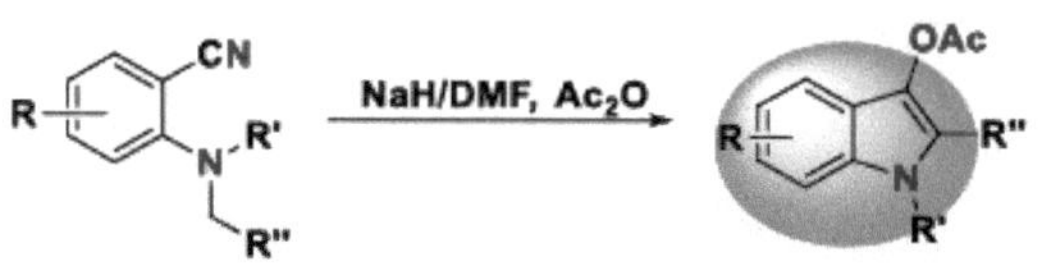

As aril-hidrazinas foram tratadas com^-(3,5-dimetil-1-pirazolil)acetofenonas e acetil(2-tiofeno) formando aril-hidrazonas intermédias que foram convertidas por ciclização de Fischer em 2-aril(tienil)-3-(3,3-dimetil-1-pirazolil)indóis substituídos (esquema 1.17)[204] .

Esquema 1.17:

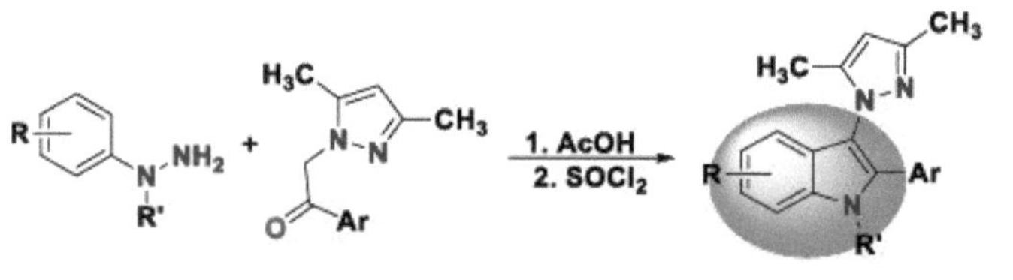

Uma reação de acoplamento de ligações C-N entre aril-hidrazinas e tosilatos de arilo foi conseguida utilizando catalisadores de paládio, formando N,N-diaril-hidrazinas assimétricas que foram utilizadas como precursores para a síntese de indol. Entre todos os catalisadores testados, o sistema catalisador de Pd(TFA)2 associado ao ligando fosfínico **L1** foi facilmente levado a monoarilação da aril-hidrazina e depois suavemente aos produtos desejados em rendimentos bons a excelentes com boa compatibilidade de grupo funcional (esquema 1.18)[205] .

Esquema 1.18:

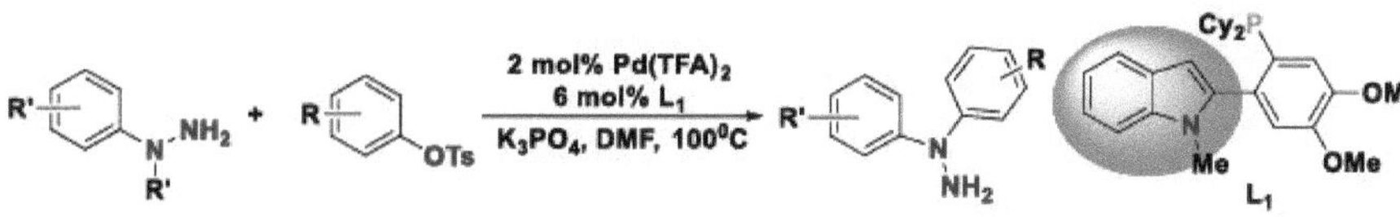

As hidrazonas pró-quirais são hidrogenadas de forma eficiente e altamente selectiva na presença de um catalisador de ruténio difosfina quiral, dando origem a produtos de hidrazina enantioenriquecidos (esquema 1.19)[206] . Esta reação pode tolerar diferentes grupos funcionais.

Esquema 1.19:

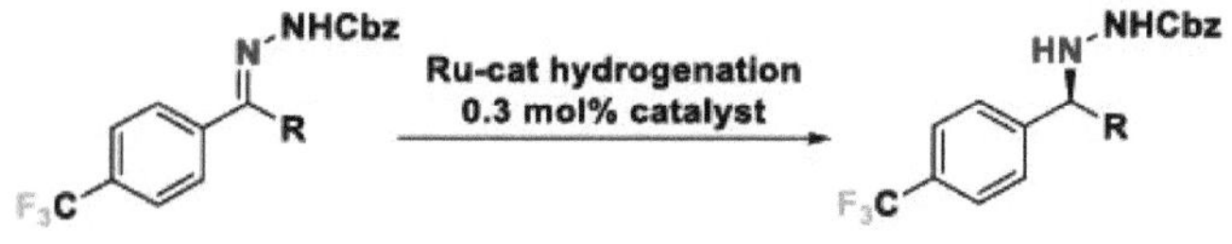

Foi relatada uma nova variação da síntese do indol de Fischer, na qual os haloarenos (iodo e bromo) foram convertidos numa vasta gama de indóis (esquema 1.20)[207] . Os haloarenos foram tratados com o reagente de Grignard na presença de azodicarboxilato de di-terc-butilo, seguido de reação com cetonas em condições ácidas, formando os indóis desejados.

Esquema 1.20:

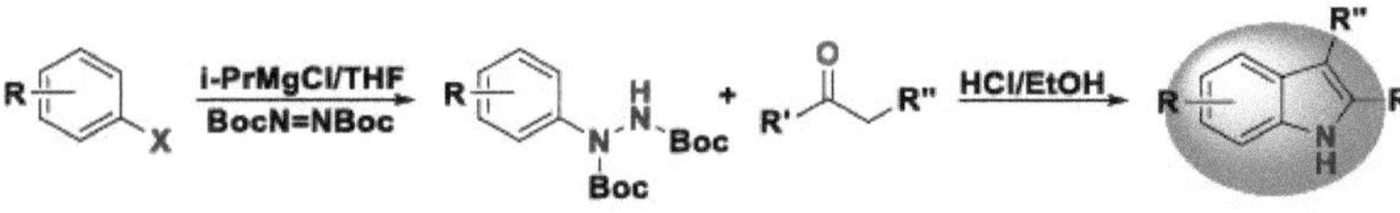

Uma reação catalisada por ácido (reação de Ugi modificada) entre iminas de anilina e aldeído/cetona e isocianetos formando 3-aminoindóis e indoxilos substituídos[208] . De entre todos os catalisadores testados, a fosforamida de trifluoro (esquemas 1.21 e 1.22) foi considerada o melhor catalisador para obter rendimentos elevados em condições moderadas. Esta foi uma das sínteses multicomponentes de 3-aminoindol recentemente comunicadas.

Esquema 1.21:

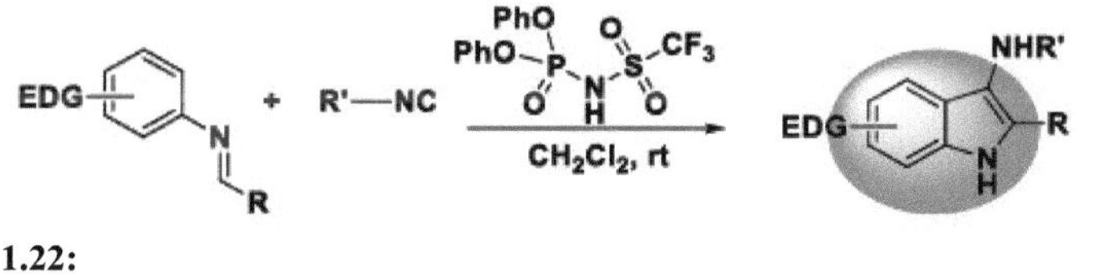

Esquema 1.22:

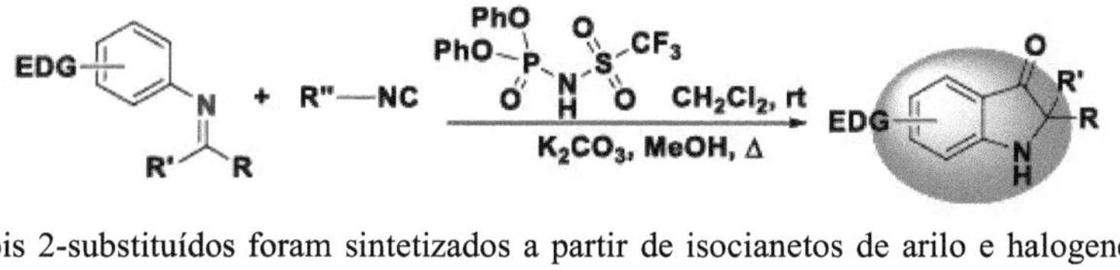

Os indóis 2-substituídos foram sintetizados a partir de isocianetos de arilo e halogenetos de arilo através de um processo em cascata catalisado por paládio de inserção de isocianetos seguido de ativação benzílica de $C(sp^3)$-H (esquema 1.23)[209] . O isocianeto foi lentamente adicionado à quantidade catalítica de Pb(OAc)₂ e o Ad2PBu actua como um bom ligando para a ativação do $C(sp^3)$-H.

Esquema 1.23:

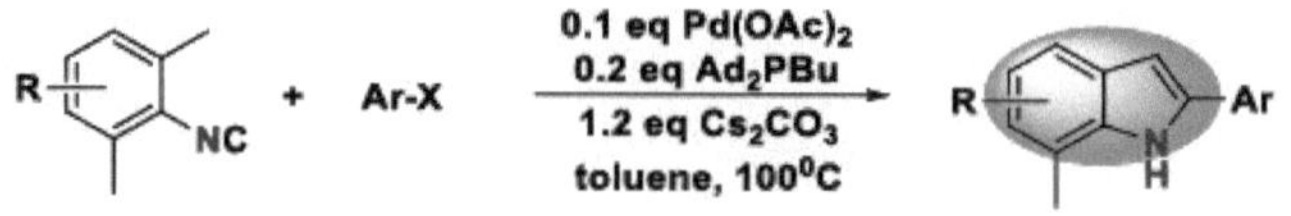

Uma série de *N-aril* benzofenona hidrazonas foi sintetizada por um método alternativo, utilizando um acoplamento catalisado por paládio de brometo de arilo e hidrazona (benzofenona ou seu derivado e hidrazina). Esta hidrazona aromática foi hidrolisada na presença de cetonas e o p-TSA em etanol produziu hidrazonas enolizáveis que foram depois submetidas a indolização de Fischer (esquema 1.24)[210] .

Esquema 1.24:

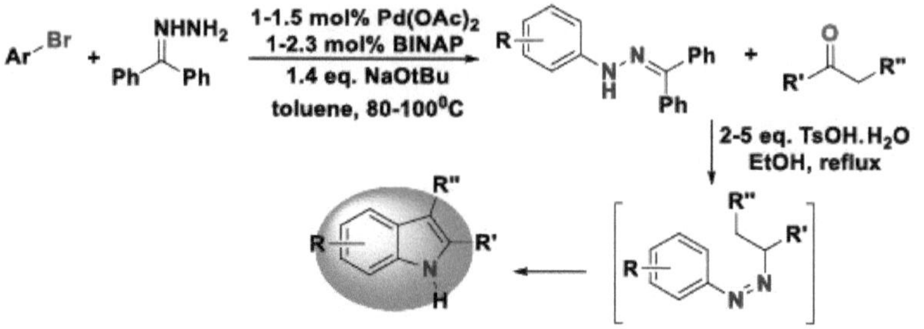

Foi descrita uma síntese de derivados de indol 1,2-dissubstituídos sem metais de transição através do acoplamento radical de 2-halotoluenos e iminas seguido da construção de ligações C-N na presença de KOtBu em DMF a 90^0 C (esquema 1.25)[211] . Esta reação foi utilizada para todos os halogenetos, incluindo
F, Cl, Br, e I sem oxidante adicional.

Esquema 1.25: DMF, 50 ou 90°C

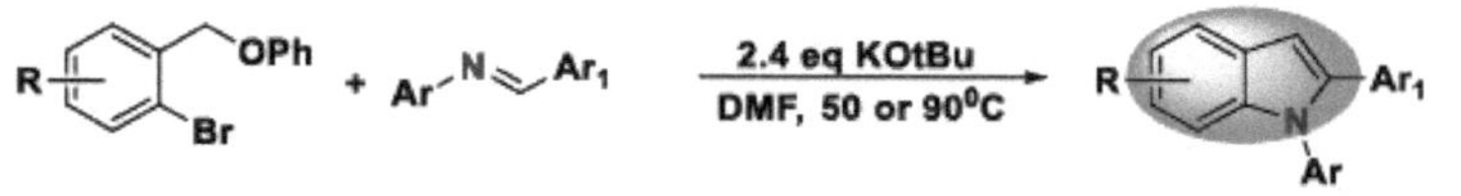

Alguns reagentes organozinco funcionalizados reagiram regiosselectivamente com vários terafluoretos de boro de arildiazónio, formando indóis polifuncionais com bom rendimento sob irradiação de micro-ondas (esquema 1.26)[212] . Os diferentes grupos substituintes e funcionais nos compostos organometálicos podem ser tolerados para a síntese de indol de Fischer e podem ser facilmente aumentados.

Esquema 1.26:

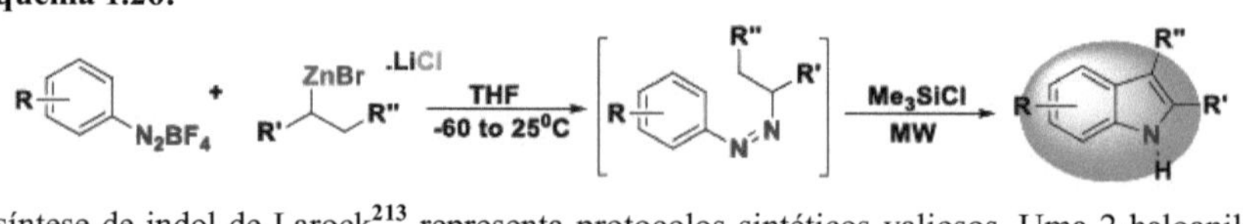

A síntese de indol de Larock[213] representa protocolos sintéticos valiosos. Uma 2-haloanilida foi acoplada a um alquino terminal apropriado na presença de um ou mais catalisadores de metais de transição em condições de reação adequadas, sendo o método comum para a síntese de indóis substituídos e seus derivados. Basicamente, o sal de Pd como catalisador e o sal de Cu como co-catalisador eram normalmente utilizados para esta conversão. Um alquino terminal foi tratado com 2-iodosulfanilidas na presença de CuI e K2CO3 em PEG-400 sob

irradiação de ultra-sons, formando indóis substituídos (esquema 1.27)[214] e estudar a sua inibição in vitro da PDE4 e
Estudo SAR.

Esquema 1.27:

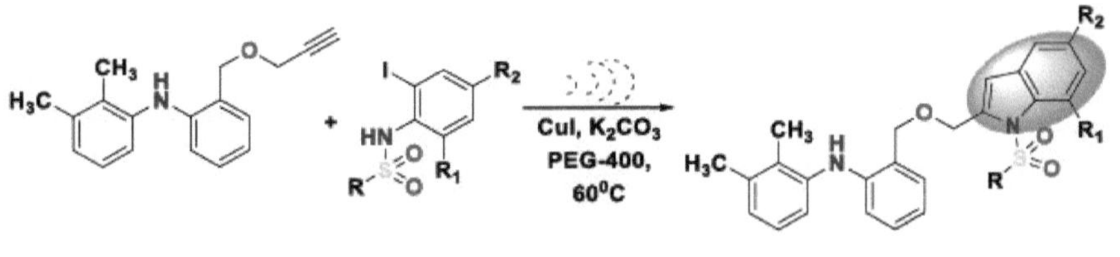

Uma série de indóis 2-aril substituídos foram sintetizados por aquecimento de uma mistura de 2- bromotrifluoroacetanilida, 1-alquino na presença de catalisador CuI/L-prolina em condições básicas (usando K2CO3) em DMF a 80^0 C em rendimentos bons a excelentes (esquema 1.28)[215] .

Esquema 1.28:

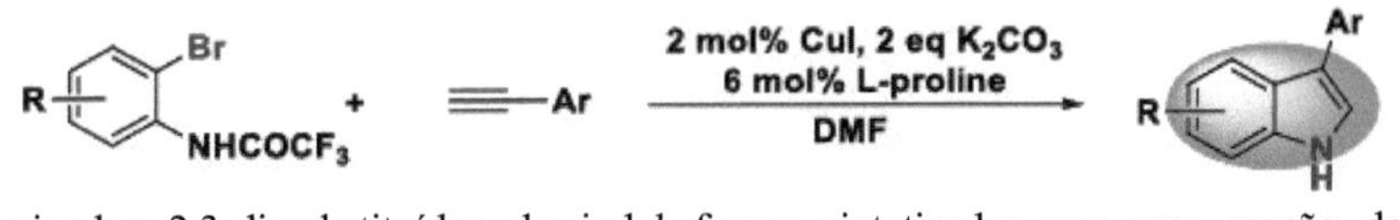

Os derivados 2,3-dissubstituídos do indol foram sintetizados por uma reação de três componentes, num só frasco e regiospecífica, entre 2-bromoanilidas, acetilenos monossubstituídos e cloretos de arilo através de acoplamento Sonogashira catalisado por paládio consecutivo, amidopaladação e eliminação redutora[216] . Esta conversão foi também efectuada a partir de brometo de arilo em condições normais, utilizando acetato de paládio, PPh3 em meio básico (K2CO3) (esquema 1.29)[217] .

Esquema 1.29:

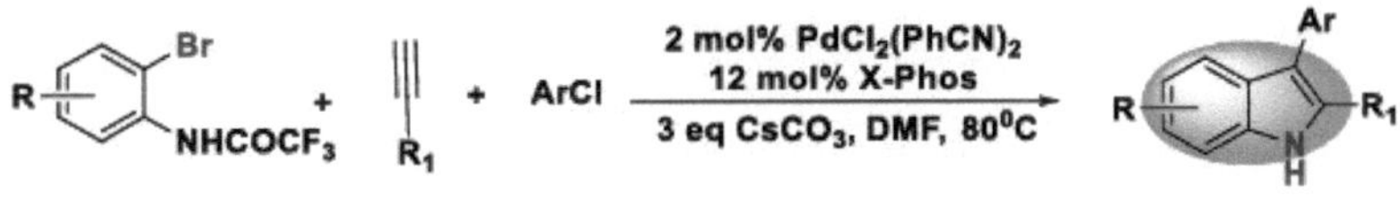

$^R1$ Os indóis 2,3-dissubstituídos foram sintetizados a partir de 2-vinilanilinas e alquinoatos por adição de Michael em tandem, clivagem da ligação C-C e depois ciclização para indóis em condições sem metais (esquema 1.30)[218] .

Esquema 1.30:

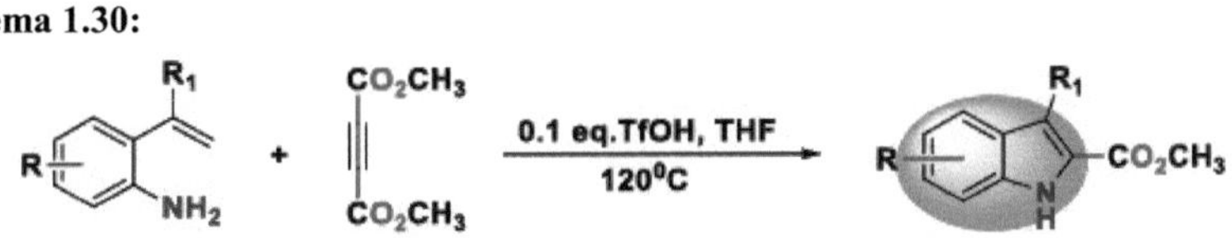

Foi relatada uma síntese de três componentes de indóis substituídos a partir de orto-dihaloarenos, utilizando um sistema multicatalítico constituído por um complexo de paládio de carbeno *N-heterocíclico* e CuI[219] . (esquema 1.31) Os derivados do indol foram obtidos como regioisómeros simples em rendimentos elevados.

Esquema 1.31:

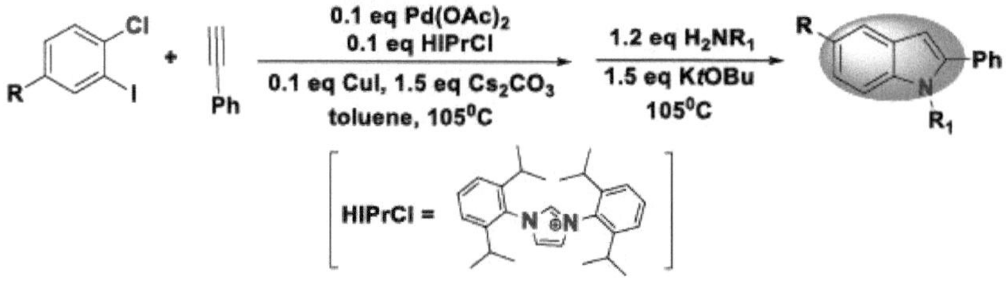

Os indóis tricíclicos 3,4-fundidos são a estrutura básica encontrada em numerosos produtos naturais e moléculas bioactivas, tais como a comunesina F[220], a decursivina[221], o penitrem D[222], o indolactam V[223], a fargesina, etc. Foi sintetizada por uma reação de indolização intramolecular de Larock utilizando acetato de paládio (II), fosfina trifenil em carbonato de potássio (esquema 1.32)[224]. Pode ser utilizado para a síntese de indóis tricíclicos fundidos de anéis comuns, médios e grandes.

Esquema 1.32:

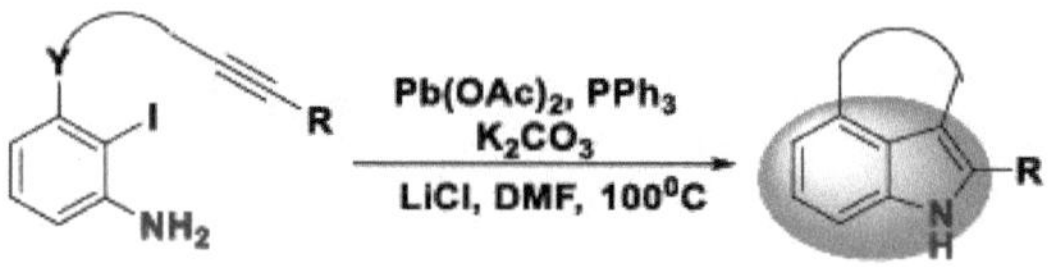

Os indóis foram sintetizados de forma eficiente e regiosselectiva por heterociclizações catalisadas por ruténio de homo e bis-homopropargil aminas aromáticas na presença de bases como a piridina (esquema 1.33)[225]. As ciclizações *5-endo* e *6-endo* foram proeminentes e ocorrem por captura nucleofílica de intermediários-chave ruténio-vinilideno.

Esquema 1.33:

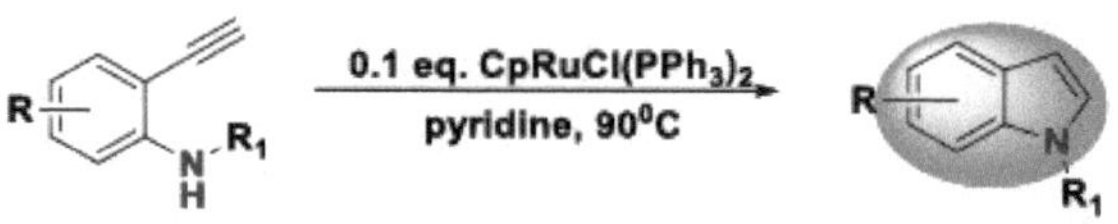

A heterociclização de 2-alquinilanilinas foi eficientemente realizada em derivados de indol em condições muito suaves, utilizando pequenas quantidades de um pré-catalisador de ouro como LAuCl na presença de $AgBF_4$ em hexano (esquema 1.34)[226] ou brometo de índio em tolueno sob condição de refluxo[227] ou $NaAuCl_4 \cdot 2H_2O$ em etanol aquoso à temperatura ambiente[228]. Estas condições de reação podem tolerar vários grupos funcionais e os indóis substituídos foram obtidos com rendimentos muito bons.

Esquema 1.34:

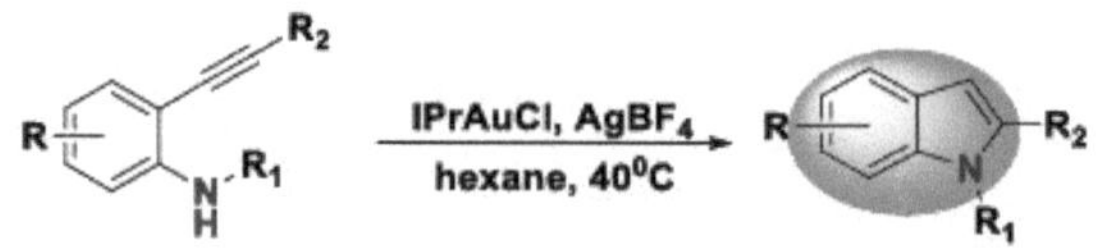

Os derivados de indol N-substituídos foram sintetizados por ciclização de derivados de 2-etinilanilina na presença de catalisador de cobre $[Cu(OCOCF_3)_2]$e 1-etilpiperidina numa mistura de H_2O e MeOH à temperatura ambiente (esquema 1.35)[229].

Esquema 1.35:

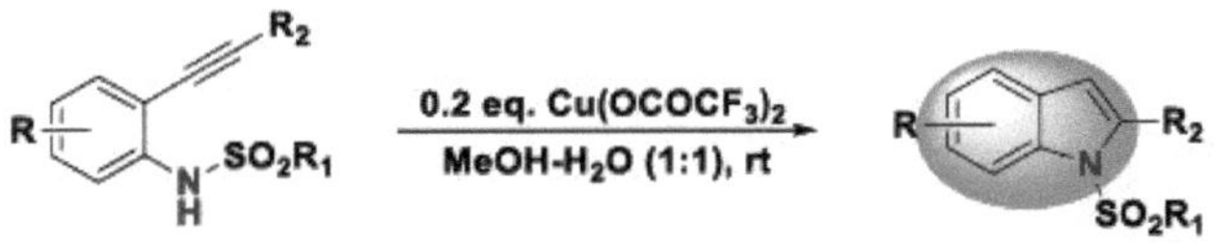

Uma vasta gama de derivados de indol 1,2-dissubstituídos foi sintetizada em condições aeróbias a partir de 2-alquinilanilinas e ácidos borónicos na presença de catalisadores como o acetato de cobre e o ácido decanóico em tolueno (esquema 1.36)[230] .

Esquema 1.36:

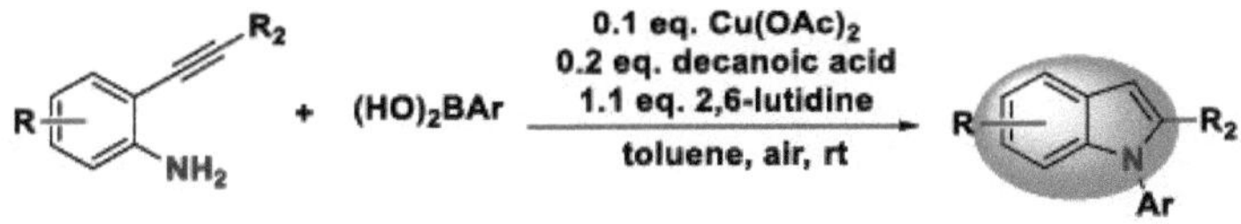

Os indóis 2,3-dissubstituídos foram sintetizados através do acoplamento de brometos de arilo com arilazidas de 2-alquinilo ou benzilazidas de 2-alquinilo na presença de paládio (Pd2dba3) e dpppe como catalisadores e *terc-butóxido* de lítio como base em tolueno com elevada eficiência e excelente compatibilidade de grupos funcionais (esquema 1.37)[231] . Durante esta conversão, um iminofosforano gerado in situ serve como nucleófilo que ataca a porção alquina.

Esquema 1.37:

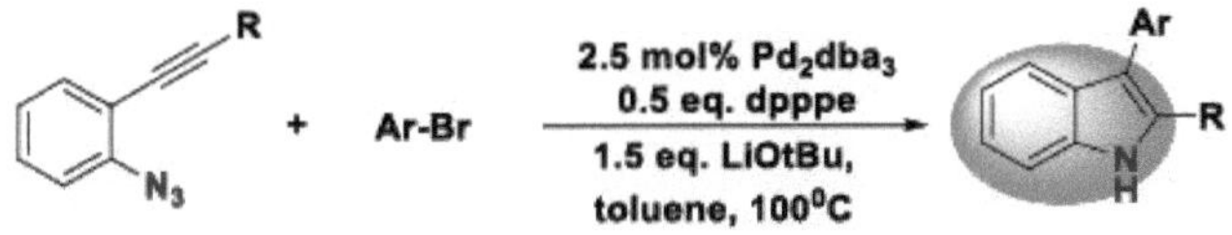

Os indóis 2,3-dissubstituídos também foram sintetizados a partir de tetrafluoroboratos de arenodiazónio e 2-alquiniltrifluoroacetanilidas na presença de catalisador de paládio, TBAI em meio básico (usando K2CO3) (esquema 1.38)[232] . Esta reação tolerou diferentes substituintes, incluindo substituintes bromo e cloro, ciano, ceto, nitro, éster e grupos éter.

Esquema 1.38:

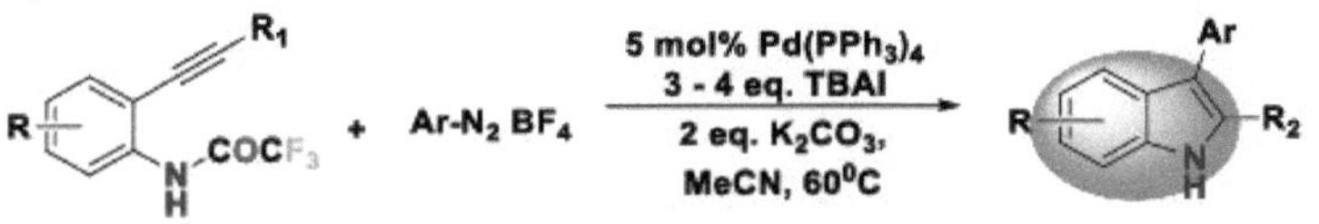

Ambos os derivados heterocíclicos de ácidos tetrâmicos 1,3,5-trissubstituídos e indóis 2,3-dissubstituídos foram sintetizados a partir de ésteres β-ceto derivados de aminoácidos e iodofenil-2-trifluoroacetilamina sob catálise de Cu (CuI, L-prolina em presença de base) (esquema 1.39)[233] . Estes dois sistemas heterocíclicos foram sintetizados a partir dos mesmos materiais de partida, mas em condições de reação diferentes.

Esquema 1.39:

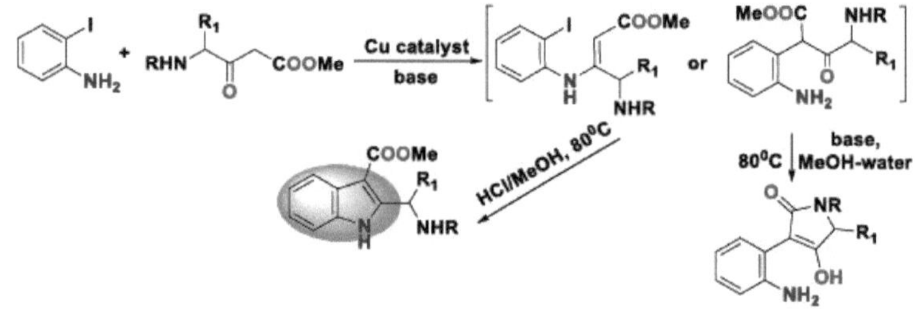

Foi descrita uma nova síntese, suave e eficiente, catalisada por paládio, para indóis polifuncionalizados a partir de 2-cloroanilinas substituídas e cetonas cíclicas ou acíclicas na presença de K3PO4 e MgSO4 em ácido acético e DMA a 140⁰ C (esquema 1.40)[234]. Esta foi uma das sínteses mais simples e amplamente aplicáveis.

Esquema 1.40:

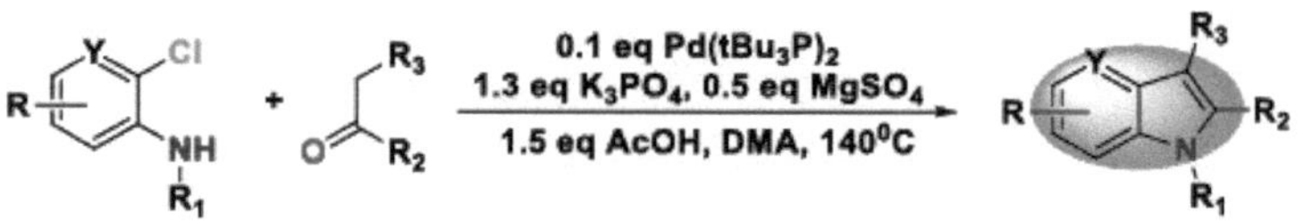

A síntese one-pot de indóis substituídos através da anulação catalisada por paládio de ortoiodoanilinas e aldeídos foi realizada em condições ligeiras sem ligandos (esquema 1.41)[235].

Esquema 1.41:

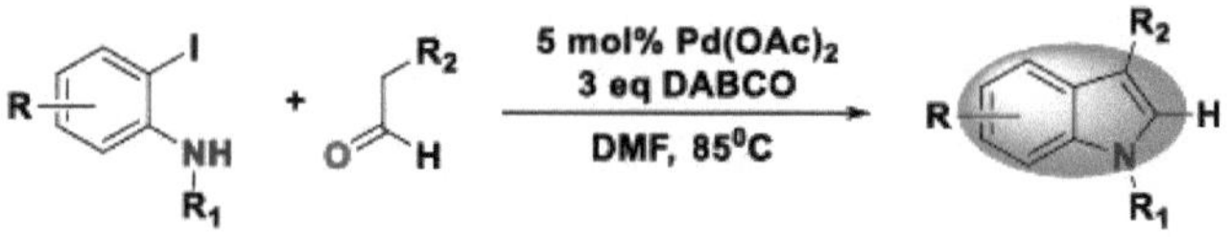

O brometo de (2-aminobenzil)trifenilfosfónio (reagente amino Wittig) foi tratado com aldeídos aromáticos ou aldeídos α,β-insaturados em ácido acético em condições assistidas por micro-ondas, seguido do tratamento com uma base como o terc-butóxido de potássio em THF na mesma panela, o que conduz à formação de indóis 2-substituídos com rendimentos elevados (esquema 1.42). A natureza eletrónica dos substituintes no anel aldeídico não afecta o rendimento do produto.

Esquema 1.42:

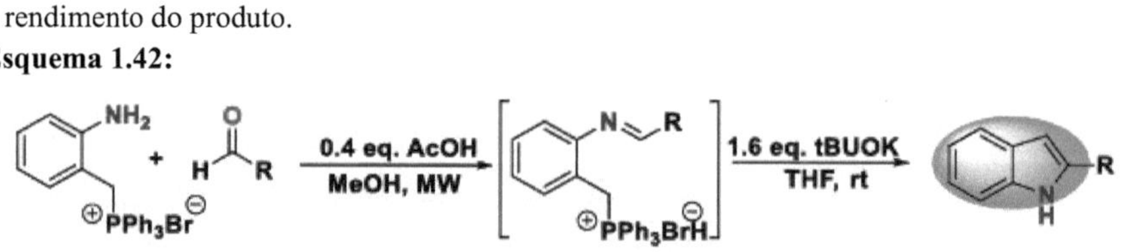

Os indóis 2-aril substituídos foram sintetizados por adição/ciclização de derivados de 2-(2-aminoaril)acetonitrilo com ácidos arilborónicos na presença de catalisador de paládio [Pd(OAc)2] na presença de ligando bipiridílico, KF e TfOH em água ou THF (esquema 1.43)[236] ou a reação de acoplamento cruzado catalisada por paládio de cianetos *de* o-nitrobenzilo com ácidos borónicos na presença de Fe como co-catalisador (esquema 1.44)[237]. Esta síntese foi utilizada para a formação de esqueletos de indol com diferentes grupos funcionais e uma quimiosselectividade notável. Basicamente, os substituintes halogenados foram passíveis de outras elaborações sintéticas.

Esquema 1.43:

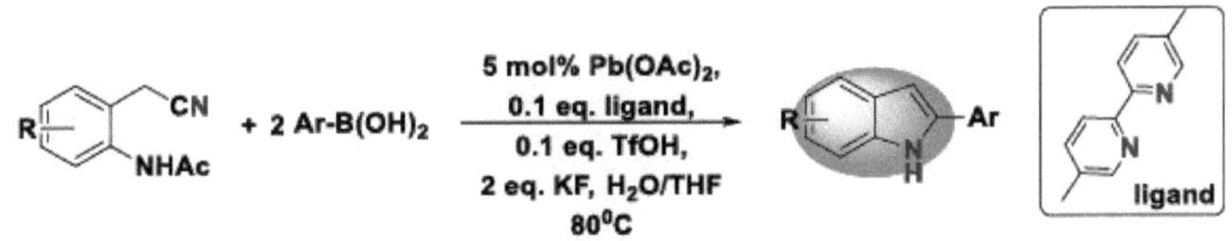

R—(C$_6$H$_3$)—CH$_2$CN, NHAc + 2 Ar-B(OH)$_2$ → 5 mol% Pb(OAc)$_2$, 0.1 eq. ligand, 0.1 eq. TfOH, 2 eq. KF, H$_2$O/THF, 80^{0}C → indol 2-Ar

ligand

Esquema 1.44:

R—(C$_6$H$_3$)—CH$_2$CN, NO$_2$ + 2 Ar-B(OH)$_2$ → 1. 5 mol% Pb(OAc)$_2$, TFA/DMSO (50:1), 90^{0}C; 2. 0.1 eq. Fe → indol 2-Ar

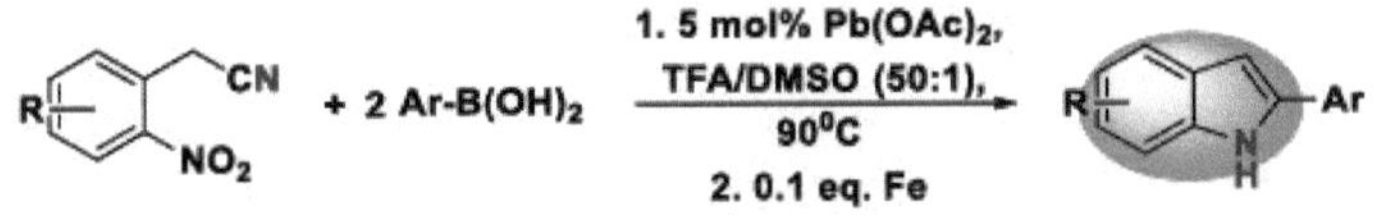

Uma nanopartícula heterobimetálica de cobalto e ródio catalisou a ciclização redutora de 2-(2-nitroaril)acetonitrilos em indóis 3-substituídos na presença de hidrogénio como fonte redutora em condições moderadas (esquema 45)[238] . O catalisador pode ser reciclado mais de dez vezes sem perda de atividade catalítica.

Esquema 1.45:

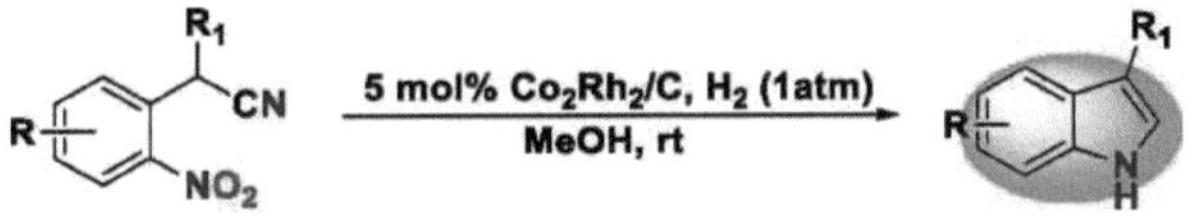

R—(C$_6$H$_3$)—CH(R$_1$)CN, NO$_2$ → 5 mol% Co$_2$Rh$_2$/C, H$_2$ (1atm), MeOH, rt → indol 3-R$_1$

Os derivados de indol 7-bromo-2,3-dissubstituídos foram sintetizados a partir de o-bromonitrobenzenos e vários reagentes de vinil Grignard em THF a -40^0 C (esquema 1.46)[239]
.

Esquema 1.46:

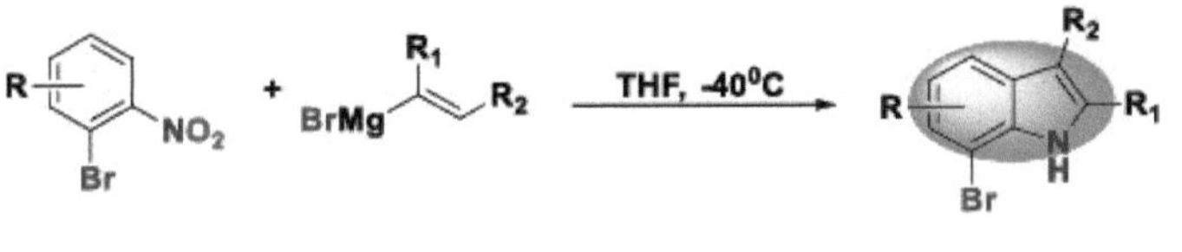

R—(C$_6$H$_3$)—NO$_2$, Br + BrMg—C(R$_1$)=CH—R$_2$ → THF, -40^{0}C → indol 2-R$_1$, 3-R$_2$, 7-Br

Alguns outros métodos sintéticos eficazes são também utilizados para a síntese de indol, incluindo a síntese de Sundberg[240] , a síntese de Bischler[241] , a síntese de Bartoli[242] , a síntese de Fukuyama[243] , etc. No entanto, existem algumas desvantagens nas conversões deste tipo, tais como a baixa compatibilidade dos grupos funcionais, a fraca seletividade dos substratos e as condições de reação difíceis. Foram desenvolvidas algumas novas vias de reação para a síntese do indol; uma delas foi a utilização da ligação C-H em arenos não activados como centro de reação direta na presença de catalisadores de metais de transição, por exemplo Ativação C-H catalisada por metais de transição de derivados de anilina com alcinos[244] ou compostos diazóicos[245] utilizando catalisadores de Ru(II)ou outros catalisadores diferentes[246] construção de 2-arilindol a *partir* de N-(2-piridil)anilinas com ylides de sulfoxónio[247] , ciclização catalisada por paládio de anilinas com azidas vinílicas[248] , síntese catalisada por Rh(III) de derivados de 1-aminoindol a partir de hidrazinas com ylides de sulfoxónio como precursores de carbeno[249] . Foram relatadas várias construções de estruturas de indol baseadas na cascata de ativação-anulação C-H catalisada por metais de transição .[250]

Foi relatada uma reação simples de ciclização catalisada por paládio de iminas *N-aril* com elevada economia de átomos utilizando $Pd(OAc)_2$ e Bu4NBr em DMSO em atmosfera de oxigénio para a síntese de indóis (esquema 1.47)[251] . Esta reação envolveu uma ligação oxidativa de duas ligações C-H em condições suaves na presença de oxigénio. As N-aril iminas são sintetizadas a partir de anilinas e cetonas facilmente disponíveis.

Esquema 1.47:

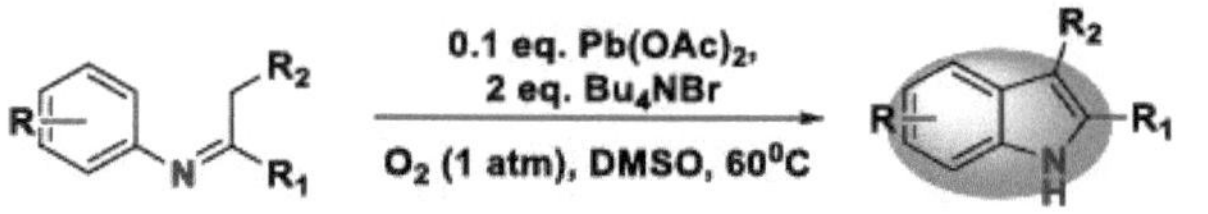

Foi descrita uma síntese de 2-benzilindoles 3-substituídos a partir de o-alilanilinas estáveis e facilmente disponíveis através de uma cicloisomerização oxidativa intramolecular *5-exo-trig* regiosselectiva utilizando $Pd(OAc)_2$ como catalisador na presença do ligando PPh3 e oxigénio molecular como oxidante em DMF a 80^0 C (esquema 1.48)[252] . Esta reação tem um vasto âmbito de substrato.

Esquema 1.48:

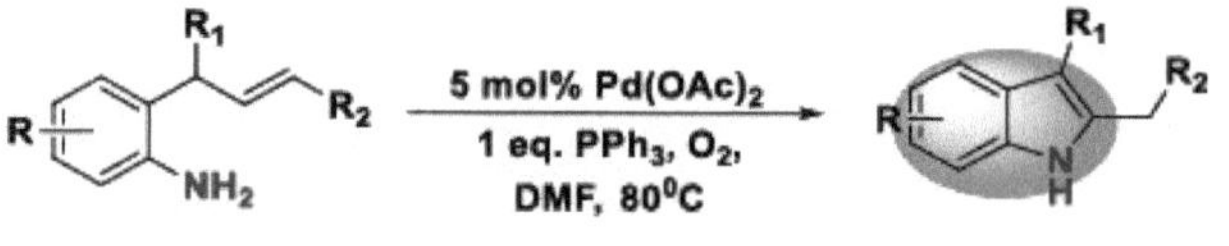

tBuONO como co-catalisador da cicloisomerização de o-alilanilinas na presença de oxigénio como oxidante terminal intert-butanol (esquema 1.49)[253] . Esta síntese evita a utilização de solventes com elevado ponto de ebulição, como o DMF e o DMSO.

Esquema 1.49:

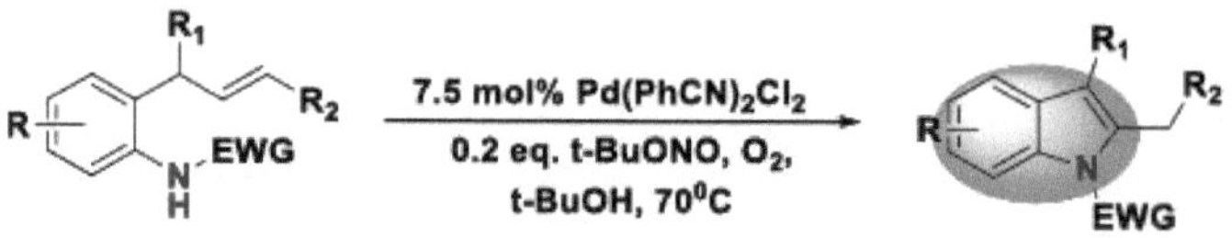

Foi efectuada uma aminação C-H eficaz e isenta de metais das *N-Ts-2-alkenilanilinas* para obter uma gama diversificada de indóis substituídos utilizando DDQ como oxidante na presença de CH3CCl3 a temperaturas mais elevadas (esquema 1.50)[254] ou um catalisador de senénio (PhSe)2 na presença de N-fluorobenzenossulfonimida como oxidante terminal em tolueno e peneiras moleculares 4^0 A a 100 C^{0255} . Este método evita a utilização de catalisadores de metais de transição dispendiosos. Esta é uma das sínteses de radicais livres (mecanismo SET) do indol.

Esquema 1.50:

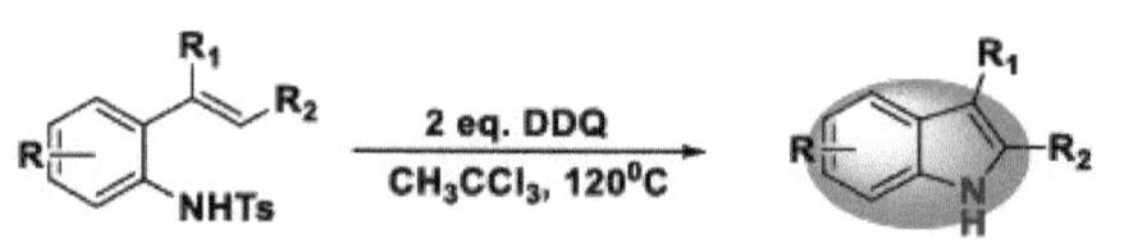

Um método de síntese rápida que envolve a formação/aromatização de ligações C-N em cascata em N-Ts-2- alquenilanilinas na presença de NIS em DCM à temperatura ambiente, formando 2-aril indóis com vários grupos funcionais (esquema 1.51)[256] . A vantagem desta conversão foi a obtenção de melhores rendimentos em condições moderadas, sem quaisquer outros aditivos ou catalisadores. Os carboxilatos de indolilo substituídos com metilo foram sintetizados utilizando um catalisador de paládio na presença de acetato de cobre em meio alcalino (K2CO3) em DMF a 120 C[0257] .

Esquema 1.51:

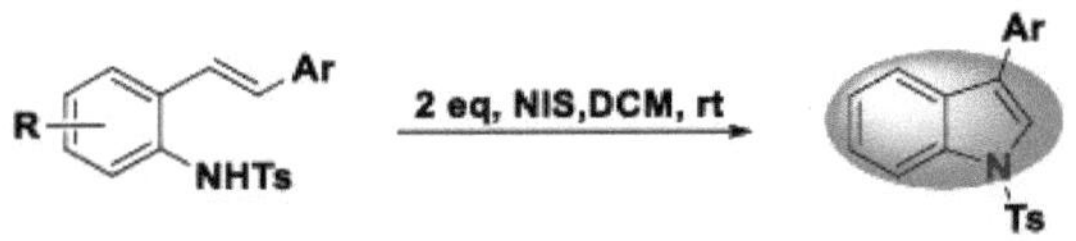

Utilizando um F-iodano hipervalente, foi relatada a síntese regiodivergente de indóis e triptofanos a partir de estirenos N-substituídos através de um intermediário F-ciclopropano espirocíclico (esquema 1.52)[258] . Esta reação foi também realizada em mistura de água-acetonitrilo com excelente regiosselectividade utilizando (feniliodonio) sulfamato (PISA), um reagente de iodo (III) hipervalente solúvel em água[259] . O PISA ou as quinonas também ciclizaram 2-vinilanilinas em vários indóis em condições suaves e com bons rendimentos[260] .

Esquema 1.52:

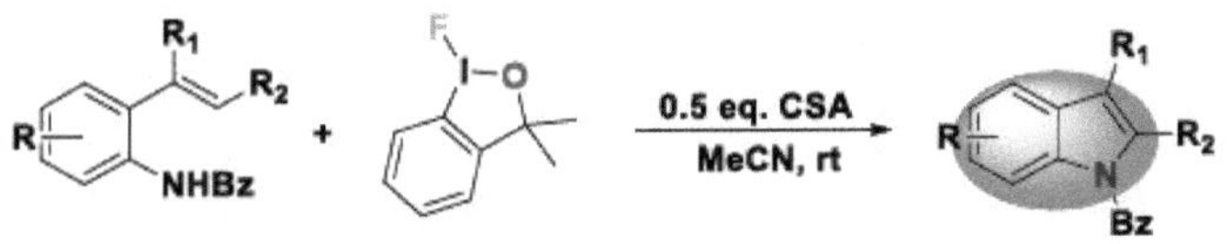

Os indóis 2-bromados foram sintetizados a partir de derivados de 2-(2,2-dibromovinil)anilina na presença de um catalisador de acetato de paládio e P tBu3 como ligando fosfínico em condições básicas (utilizando K2CO3) em tolueno a 100⁰ C (esquema 1.53)[261] .

Esquema 1.53:

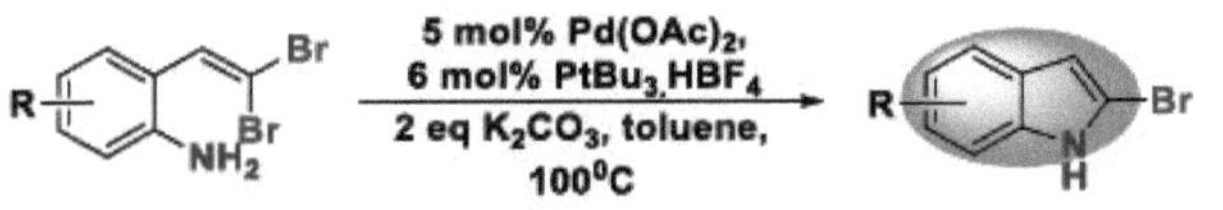

Para a síntese de 2-aril indóis e benzofuranos (esquema 1.54), foi relatada uma condensação *mediada por terc-butóxido*, eficiente e fácil, sem metais de transição, de *N-* ou *O-* benzil benzaldeídos com dimetilsulfóxido como fonte de carbono[262] . A conversão oferece uma ampla tolerância de grupos funcionais.

Esquema 1.54:

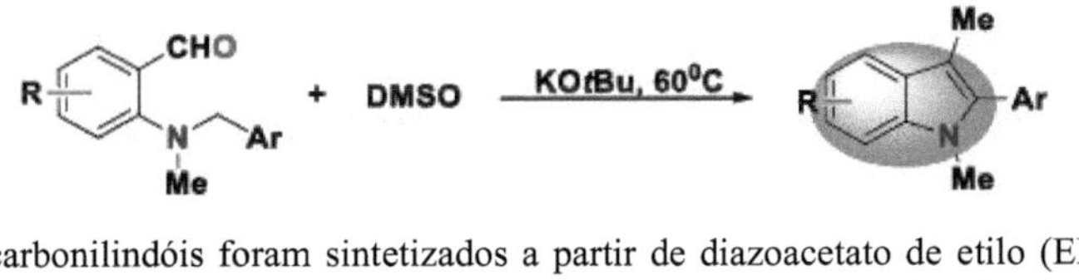

Os 3-Etoxicarbonilindóis foram sintetizados a partir de diazoacetato de etilo (EDA) para 2-aminobenzaldeídos na presença de ácido de Lewis (BF3 eterato) em DCM (esquema 1.55)[263] . Alguns indole-3-carboxilatos *N-substituídos* foram sintetizados usando o sistema *t-BuOK/DMF* sem iniciadores ou aditivos especiais e na ausência de qualquer catalisador de metal de transição (esquema 1.56)[264] . Esta conversão foi basicamente utilizada para a síntese de indóis contendo halogéneos.

Esquema 1.55:

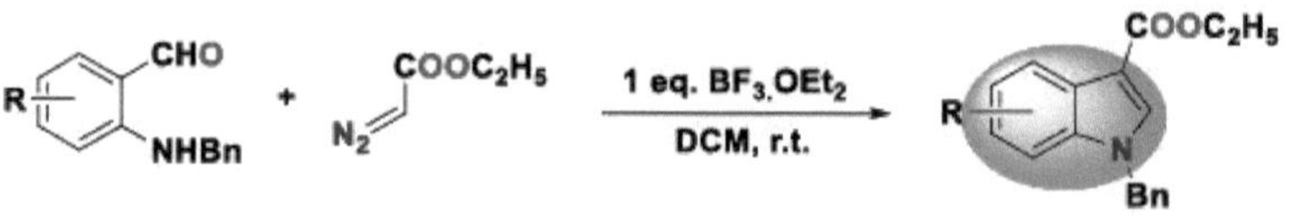

Esquema 1.56:

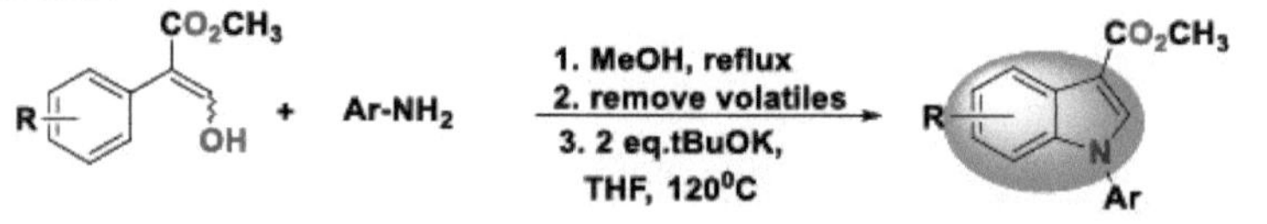

Algumas cetonas a-Cl têm sido relatadas como reagentes sintéticos versáteis, em alguns relatórios, transformações envolvendo **ativação/anulação** inerte de C-H catalisada por metais de transição com cetonas aCl. Por exemplo, anulações redox-neutras catalisadas por Rh(III) para a síntese de moléculas de heterociclos *N* utilizando cetonas substituídas por **a-MsO/TsO/Cl** como equivalentes alquinos oxidados[265], funcionalização **C-H/N-H** catalisada por Rh(III) com cetonas a-Cl/MsO/TsO[266], ativação C-H catalisada por Rh(III) e anulação [4+1] de N-fenilamidinas com cetonas a-Cl facilmente acessíveis[267] e acilmetilação catalisada por ruténio(II) de (hetero)arenos acoplados com cetonas a-Cl/ylidos de sulfoxónio via ativação C-H[268].

Foram relatados números de a-halo ou pseudohalocetonas como os principais sintetizadores para construir os andaimes de indol, o que foi conseguido através da **ativação/anulação** C-H catalisada por Ir(III) entre derivados de anilinas e cetonas a-Cl (esquema 1.57). Uma série de 2-arilindoles foi sintetizada através do acoplamento de N-(2-piridil)anilinas *activadas por* C-H e cetonas a-Cl utilizando catalisador de irídio. O catalisador de irídio ativa a ligação C-H e realiza a ciclização simultaneamente[269]. Esta conversão pode tolerar diferentes grupos funcionais e efectua-se com rendimentos bons a excelentes em condições moderadas.

Esquema 1.57:

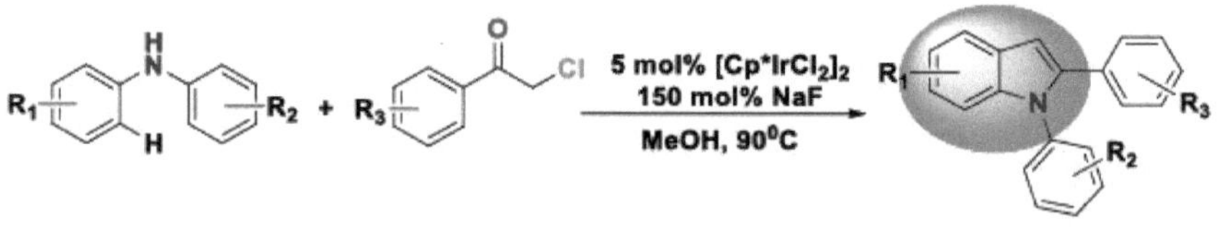

Foi desenvolvido um novo procedimento para a síntese de indolina[270] (dihidroindol) através de duas etapas (esquema 1.58), a primeira é a reação de hidroaminação de três componentes[271] (ortobromo- ou orto-cloro-iodobenzenos, alcinos terminais e aminas primárias) formando uma variedade de blocos de construção e a segunda é a ciclização catalisada por paládio para derivados de indolina. As etapas principais da conversão são os acoplamentos Sonogashira, as hidroaminações de alcinos catalisadas por Cp2TiMe2 e as aminações de halogenetos de arilo catalisadas por Pd.

Esquema 1.58:

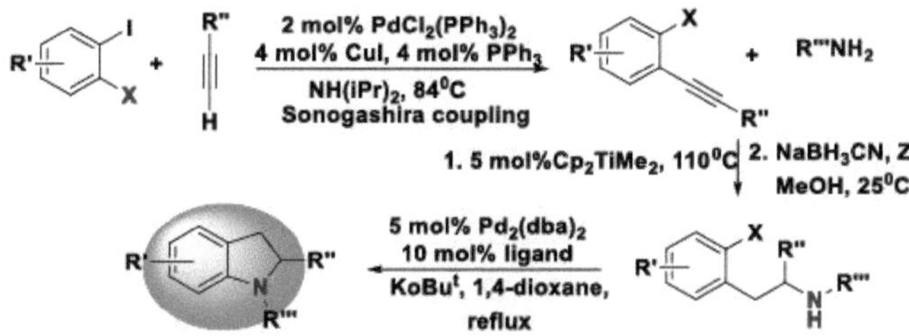

O carbazole é um bloco de construção essencial em vários produtos naturais, agroquímicos, farmacêuticos e materiais[272] . Os compostos de 2,2-bifenóis (produtos de degradação da lenhina) fazem uma ligação cruzada direta com o amoníaco, formando valiosos derivados de carbazol através de uma estratégia eficiente de desaromatização-rearomatização na presença de Pd(II)/C e Na-formato em m-xileno a temperaturas mais elevadas (esquema 1.59)[273] .

Esquema 1.59:

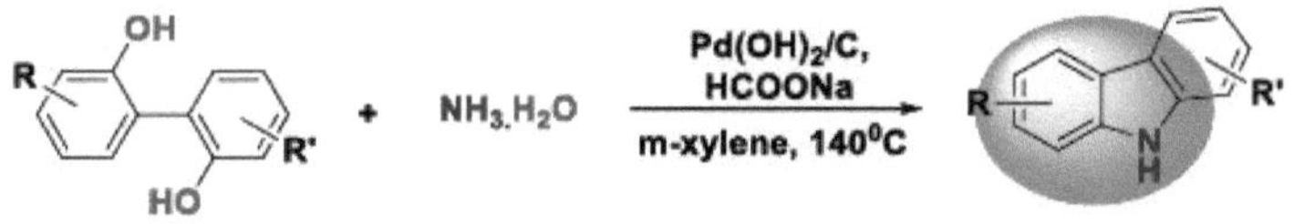

Os 3-metoxicarbonilindóis foram praticamente sintetizados através da reação de aminação intramolecular CH catalisada por ferro do (Z)-2-azido-3-fenilacrilato de metilo com triflato de ferro(II) disponível no mercado como catalisador (esquema 1.60)[274] .

Esquema 1.60:

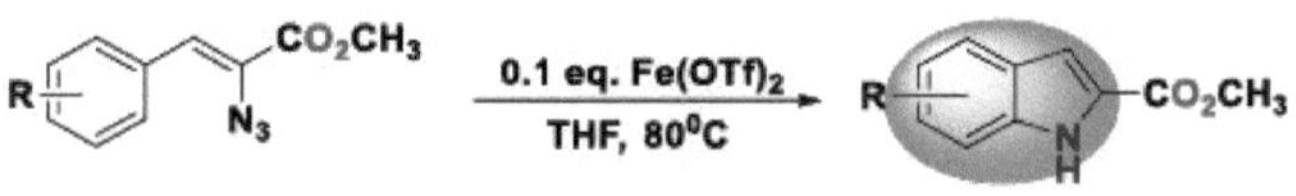

As N-indole sulfonamidas axialmente quirais foram sintetizadas por acoplamento promovido por NaClO em trifluorotolueno de indóis 3-substituídos com diferentes sulfonamidas à base de aminoácidos, com boa diastereoselectividade e rendimentos elevados (esquema 1.61)[275] .

Esquema 1.61:

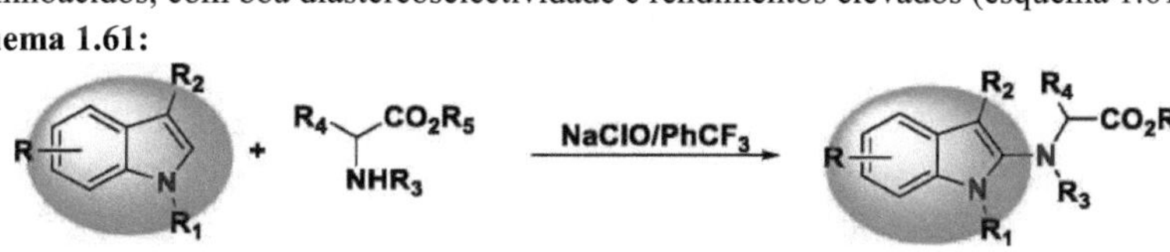

Na presença de um fotossensibilizador, Ru(bpy)$_3$(PF$_6$)$_2$ e de um catalisador, Co(dmgH)$_2$pyCl, uma variedade de ésteres de glicina foi acoplada a ésteres β-ceto ou a derivados de indol quantitativamente convertidos nos produtos de acoplamento cruzado desejados e em hidrogénio (H$_2$) sob irradiação de luz visível sem utilização de qualquer oxidante ou base (esquema 1.62)[276] . Um estudo mecanicista sugeriu que os processos de transferência de electrões em cascata do éster de glicina para o catalisador Ru(bpy)$_3$(PF$_6$)$_2$ fotoexcitado e depois para o catalisador Co(dmgH)$_2$pyCl, juntamente com a captura de protões perdidos pelos substratos, foram cruciais para a reação de acoplamento cruzado com evolução de hidrogénio de aminas secundárias em solventes orgânicos.

Esquema 1.62:

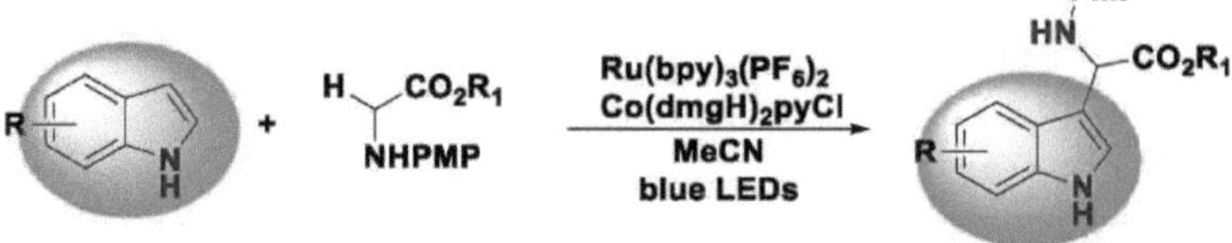

A descoberta de medicamentos é um processo complexo em que a química e a farmacologia pré-clínica e clínica desempenham um papel preponderante, mas é também apoiada pelo conhecimento de várias outras disciplinas das ciências da vida, como a genética, a fisiologia, a patologia, a microbiologia e a biologia molecular. A química está envolvida nas etapas fundamentais do processo de descoberta de medicamentos, como a síntese ou a extração, a análise de medicamentos, a formulação e a tecnologia farmacêutica, mas a sua principal contribuição é a conceção, a descoberta e o desenvolvimento de medicamentos, ou seja, a química medicinal. De facto, a Química Medicinal está relacionada com a conceção, o estudo, o desenvolvimento e a produção de fármacos que podem ser utilizados como medicamentos para o tratamento de doenças.

1.5. Finalidade e objectivos:

A química relacionada com compostos de importância farmacêutica divide-se principalmente em duas partes. A primeira, a quimioterapia, diz respeito ao tratamento de infecções, parasitas ou doenças malignas através de um agente químico, geralmente uma substância que apresenta uma toxicidade selectiva para o agente patogénico. A outra divisão diz respeito às doenças de disfunção corporal e os agentes utilizados são principalmente compostos que afectam o funcionamento das enzimas, a transmissão de impulsos nervosos ou a ação das hormonas nos receptores. A química medicinal, reconhecida como uma disciplina científica para benefício da humanidade, actua através da colaboração de químicos, biólogos, farmacologistas e peritos em computação na procura de moléculas que se tornarão os novos medicamentos do futuro.

O presente trabalho intitula-se **"Síntese de compostos heterocíclicos biologicamente importantes contendo uma porção de indole"**. Considerando o novo conceito de química orgânica para o desenvolvimento de novos fármacos, sintetizámos uma série de compostos e analisámos as suas bioactividades.

Durante a nossa viagem, concentramo-nos em seguir o estudo:

❖ Síntese de hidrazonas de indole 3-carbaldeído e sua atividade biológica ❖ Síntese de derivados de bisindolilmetano e sua atividade biológica

❖ Síntese de Indóis 3-Substituídos Usando Solvente Eutético Profundo e Ultrassom

❖ Síntese de derivados de bis-(2-metilindolil) metano e sua atividade biológica.

No presente trabalho, desenvolvemos um protocolo melhorado para a síntese do novo composto acima referido e todos os novos compostos foram analisados quanto à sua bioatividade.

Referências

1 Lipkus, A.H., Yuan, Q., Lucas, K.A., Funk, S.A., Bartelt, W.F., Schenck, R.J., Trippe, A.J., *J. Org. Chem.* **2008**, 73 (12), 4443-4451.

2 Mack, D.J.,Weinrich,M.L., Vitaku, E., Njardarson, J.T., **2010**. .http://cbc.arizona.edu/njardarson/group/top-pharmaceuticalsposter

3 Biswal, S., Sahoo, U., Sethy, S., Kumar, H.K.S., Banerjee, M..*Asian J. Pharm. Clin. Res.* **2012**, 5 (1), 1-6.

4 Mohammadi Ziarani, G.; Moradi, R.; Ahmadi, T.; Lashgari, N. *RSC Adv.* **2018**, 8, 12069-12103.

5 Sundberg, R.J. Reacções de Substituição Electrofílica de Indoles. *Em Heterocyclic Scaffolds II: Reactions and Applications of Indoles*; Gribble, G.W., Ed.; Springer: Berlin/Heidelberg, Alemanha, **2010**; pp. 47-115.

6 (a) N.K. Kaushik, N. Kaushik, P. Attri, N. Kumar, C.H. Kim, A.K. Verma, E.H. Choi, **Molecules2013**, 18, 6620-6662; (b) R.E. Dolle, K.H. Nelson Jr., *Comprehensive survey of combinatorial library synthesis*: **1998**, *J. Comb. Chem.* **1999**, 1, 235-282; (c) R.G. Franzen, *J. Comb. Chem.* **2000**, 2, 195-214; (d) R.E. Dolle, Comprehensive *survey of combinatorial library synthesis*: **2000**,*J. Comb. Chem.* **2001**, 3, 477-517.

7 (a) Li Petri, G.; Cascioferro, S.; El Hassouni, B.; Carbone, D.; Parrino, B.; Cirrincione, G.; Peters, G.J.; Diana, P.; Giovannetti, E. *Anticancer Res.* **2019**, 39, 3615-3620; (b) Cascioferro, S.; Attanzio, A.; Di Sarno, V.; Musella, S.; Tesoriere, L.; Cirrincione, G.; Diana, P.; Parrino, B. *Mar.* **Drugs2019**, 17, 35; (c) Carbone, A.; Parrino, B.; Cusimano, M.; Spand, V.; Montalbano, A.; Barraja, P.; Schillaci, D.; Cirrincione, G.; Diana, P.; Cascioferro, S. *Mar.* **Drugs2018**, 16, 274; (d) Sharma, V., Pradeep, K., Devender, P., *J. Heterocycl. Chem.* **2010**, 47 (3), 491-502.

8 G. Periyasami, R. Raghunathan, G. Surendiran, N. Mathivanan, *Eur. J. Med. Chem.* **2009**, 44, 959966.

9 Zhang, M.-Z.; Chen, Q.; Yang, G.-F. *Eur. J. Med. Chem.*, **2015**, 89, 421-441.

10 Olgen, S. *Mini-Rev. Med. Chem.*, **2013**, 13, 1700-1708.

11 Xu, H., Lv, M. *Curr. Pharm. Des.* **2009**, 15 (18), 2120-2148.

12 Lal, S., Snape, T.J., *Curr. Med. Chem.* **2012**, 19 (28), 4828-4837.

13 Abdel-Gawad, H., Mohamed, H.A., Dawood, K.M., Abdel-Rahem Badria, F., *Chem. Pharm. Bull.* **2010**, 58 (11), 1529-1531.

14 H.A. Hamid, A.N. Ramli, M.M. Yusoff, *Front Pharmacol.* **2017**, 8, 96.

15 Coelho Filho, J.M., Birks, J., **2001**. *Fisostigmina para Demência Devido à Doença de Alzheimer. 2*. John Wiley & Sons, Chichester, Reino Unido, p. 1.

16 Berger,M., Gray, J.A., Roth, B.L., *Annu. Rev.Med.* **2009**, 60 (1), 355-366.

17 Almagro, L., Fernandez-Perez, F., Pedreno, M.A., Molecules. **2015**, 20 (1), 2973-3000.

18 H. Ishikawa, D.A. Colby, D.L. Boger, *J. Am. Chem. Soc.* **2008**, 130, 420-421.

19 Waseem, G., Hamann, M.T., Life Sci. **2005**, 78 (5), 442-453.

20 Kochanowska-Karamyan, A.J., Hamann, M.T.,. Chem. Rev. **2010**, 110 (8), 4489-4497.

21 S. Shahab, N. Ahmed, N.S. Khan, *Afr. J. Agri. Res.* **2009**, 4,, 1312-1316.

22 S.J. Murch, S.K. Raj, P.K. Saxena, *Plant Cell* **Reports2000**, 19, 698-704.

23 Andreas Moser **(1998)** *Pharmacology of endogenous neurotoxins: a handbook*. Braun-Brumfield. P. 131.

24 H. Takayama, *Chem. Pharm. Bull. (Tóquio)* **2004**, 52, 916-928.

25 T.K. Brown, *Curr. Drug. Abuse. Rev.* **2013**, 6 (1), 3-16.

26 M.B. Colovic, D.Z. Krstic, T.D. Lazarevic-Pasti, A.M. Bondzic, V.M. Vasic, *Curr. Neuro. Pharmacol.* **2013**, 11, 315-335.

27 M. Neg.rd, S. Uhlig, H. Kauserud, T. Andersen, K. H.iland, T. Vr.lstad, *Toxins* (Basel)**2015**, 7, 1431-1456.

28 M. Moudi, R. Go, C.Y. Yien, M. Nazre, Vinca alkaloids, *Int. J. Prev. Med.* **2013**, 4, 1231-1235.

29 L. Liu, Y.Y. Chen, X.J. Qin, B. Wang, Q. Jin, Y.P. Liu, X.D. Luo, **Fitoterapia2015**, 105, 160-164.

30 S. Shao, H. Zhang, C.M. Yuan, Y. Zhang, M.M. Cao, H.Y. Zhang, Y. Feng, X. Ding, Q. Zhou, Q. Zhao, H.P. He, X. Hao, **Phytochemistry2015**, 116, 367-373.

31 N. Netz, T. Opatz, *Mar. Drugs.* **2015**, 13, 4814-4914.

32 H.B. Liu, G. Lauro, R.D. O'Connor, K. Lohith, M. Kelly, P. Colin, G. Bifulco, C.A. Bewley, *J. Nat. Prod.* **2017**, 80, 2556-2560.

33 N. Chadha, O. Silakari, *Eur. J. Med. Chem.* **2017**, 134, 159-184.

34 P. V. Thanikachalam, R. K. Maurya, V. Garg, V. Monga, *Eur. J. Med. Chem.***2019**, 180, 562-612.

35 L.B. Diss, S.D. Robinson, Y. Wu, S. Fidalgo, M.S. Yeoman, B.A. Patel, *ACS Chem. Neurosci.* **2013**, 4, 879-887.

36 (a) J.V. Higdon, B. Delage, D.E. Williams, R.H. Dashwood, *Pharmacol. Res.* **2007**, 55, 224-236; (b) E.G. Rogan, *The natural chemopreventive compound indole-3-carbinol: state of the science, In* **Vivo2006**, 20, 221-228; (c) Y.S. Kim, J.A. Milner, *J. Nutr. Biochem.* **2005**, 16, 65-73; (d) B. Biersack, R. Schobert, *Curr. Drug* **Targets2012**, 13, 1705-1719.

37 W.G. Kurz, K.B. Chatson, F. Constabel, J.P. Kutney, L.S. Choi, P. Kolodziejczyk, S.K. Sleigh, K.L. Stuart, B.R. Worth, *Planta Med.* **1981**, 42, 22-31.

38 F. Leon, E. Habib, J.E. Adkins, E.B. Furr, C.R. McCurdy, S.J. Cutler, Nat. *Prod. Commun.* **2009**, 4, 907-910.

39 (a) Demerson, C. A.; Humber, L. G.; Abraham, N. A.; Schilling, G.; Martel, R. R.; PaceAsciak, C. *J. Med. Chem.* **1983**, 26, 1778; (b) Sugimoto, T.; Aoyama, M.; Kikuchi, K.; Sakaguchi, M.; Deji, N.; Uzu, T.; Nishio, Y.; Kashiwagi, A. *Intern. Med.* **2007**, 46, 1055.

40 Gopalsamy, A.; Lim, K.; Ciszeski, G.; Park, K.; Ellingboe, J. W.; Bloom, J.; Insaf, S.; Upeslacis, J.; Mansour, T. S.; Krishnamurthy, G.; Damarla, M.; Pyatski, Y.; Ho, D.; Howe, A. Y. M.; Orlowski, M.; Feld, B.; O'Connell, J. *J. Med. Chem.* **2004**, 47, 6603.

41(a) Gribble, G. W. *J. Chem. Soc., Perkin Trans.* 1 **2000**, 1045; (b) Xiong, W. N.; Yang, C. G.; Jiang, B. *Bioorg. Med. Chem.* **2001**, 9, 1773

42E. Vitaku, D.T. Smith, J.T. Njardarson, *J. Med. Chem.* **2014**, 57, 10257-10274.

43 Morse, G. D., Reichman, R. C., Fischl, M. A., Para, M., Leedom, J., Powderly, W., Demeter, L. M., Resnick, L., Bassiakos, Y., Timpone, J., Cox, S., Batts, D., *Antivir. Res.* **2000**, 45 (1), 47-58.

44 Painel do DHHS, 4 de maio **de 2006**

45 (a) Andersson, K. E. *Pharmacol. Rev.* **2001**, 53 (3), 417-450; (b) Ostojic, S.M., *Res. Sports Med.* **2006**, 14 (4), 289-299.

46 Rosengren, A. H., Jokubka, R., Tojjar, D., Granhall, C., Hansson, O., Li, D. Q., Nagaraj, V., Reinbothe, T. M., Tuncel, J., Eliasson, L., Groop, L., Rorsman, P., Salehi, A., Lyssenko, V., Luthman, H., Renstrom, E., **Science2009**, 327 (5962), 217-220.

47 Isaac, M.T., *Evid. Based Ment.* **Health2004**, 7 (4), 107-130.

48 Lednicer, D., *The organic chemistry of drug synthesis-A.* 7. John Wiley & Sons, NJ, EUA, **2007**, pp. 141-154.

49 Witjes, J.A., Kolli, P.S., *Expert Opin. Investig.* **Drugs2008**, 17 (7), 1085-1096.

50 Leneva, I.A., Russell, R.J., Boriskin, Y.S., Hay, A.J., *Antivir. Res.* **2009**, 81 (2), 132-140.

51 Prince, H.M., Bishton,M., *Hematology Meeting* **Reports2009**, 3(1), 33-38

52L. Ellis, M. Bots, R.K. Lindemann, J.E. Bolden, A. Newbold, L.A. Cluse, C.L. Scott, A. Strasser, P.

Atadja, S.W. Lowe, R.W. *Johnstone,* **Blood2009**, 114, 380-389.

53https://pubchem.ncbi.nlm.nih.gov/compound/21769#section=Top. Recuperado em **30-08-2018**.

54https://pubchem.ncbi.nlm.nih.gov/compound/24474#section=Top. Recuperado em **30-07-2018**.

55M. Martinez-Fernandez, C. Rubio, C. Segovia, F.F. Lopez-Calderon, M. Due.as, J.M. Paramio, *Int. J. Mol. Sci.* **2015**, 16, 27107-27132.

56R.G. Vaswani, V.S. Gehling, L.A. Dakin, A.S. Cook, C.G. Nasveschuk, M. Duplessis, P. Iyer, S. Balasubramanian, F. Zhao, A. Good, C.R. Campbell, C. Lee, N. Cantone, R.T. Cummings, E. Normant, S.F. Bellon, B.K. Albrecht, J.C. Harmange, P. Trojer,J.E. Audia, Y. Zhang, N. Justin, S. Chen, J.R. Wilson, S.J. Gamblin, , *J. Med. Chem.* **2016**, 59, 9928-9941.

57William D. Bradley, Shilpi Arora, Jennifer Busby, Srividya Balasubramanian, Victor S. Gehling, Christopher G. Nasveschuk, Rishi G. Vaswani, Chih-Chi Yuan, Charlie Hatton, Feng Zhao, Kaylyn E. Williamson, Priyadarshini Iyer, Jacqui Mendez, Robert Campbell, Nico Cantone, Shivani Garapaty-Rao, JamesE. Audia, Andrew S. Cook, Les A. Dakin, Brian K. Albrecht, Jean-Christophe Harmange, Danette L. Daniels, Richard T. Cummings, Barbara M. Bryant, Emmanuel Normant, Patrick Trojer, *Chem. Biol.2014,21(1   1),1*463-1475, https://doi.Org/10.1016/j.chembiol. 2014.09.017.

58Y. Lee, J. Sheen, C.F. Chiu, H. Arioka, S. Morita, Y. Arai, *Lancet Gastroenterol. Hepatol.* **2018**, 3, 37-46.

59S.A. Parikh, H. Kantarjian, A. Schimmer, W. Walsh, E. Asatiani, K. El-Shami, E. Winton, S. Verstovsek, *Clin. Lymphoma Myeloma Leuk.* **2010**, 10, 285-289.

60R.J. Jones, D. Gu, C.C. Bjorklund, I. Kuiatse, A.T. Remaley, T. Bashir, V. Vreys, R.Z. Orlowski, *J. Pharmacol. Exp. Ther.* **2013**, 346, 381-392.

61S.M. Condon, Y. Mitsuuchi, Y. Deng, M.G. LaPorte, S.R. Rippin, T. Haimowitz, M.D. Alexander, P.T. Kumar, M.S. Hendi, Y.H. Lee, C.A. Benetatos, G. Yu, G.S. Kapoor, E. Neiman, M.E. Seipel, J.M. Burns, M.A. McKinlay, M.A. Graham, X. Li, J. Wang, Y. Shi, R. Feltham, B. Bettjeman, M.H. Cumming, J.E. Vince, N. Khan, J. Silke, C.L. Day, S.K. Chunduru,*J. Med. Chem.* **2014**, 57, 3666-3677.

62M. Crump, S. Lepp, L. Fayad, J.J. Lee, A. Di Rocco, M. Ogura, H. Hagberg, F. Schnell, R. Rifkin, A. Mackensen, F. Offner, L. Pinter-Brown, S. Smith, K. Tobinai, S.P. Yeh, E.D. His, T. Nguyen, P. Shi, M. Hahka-Kemppinen, D. Thornton, B. Lin, B. Kahl, K.J. Schmitz, T Haberman Savage, *J. Clin. Oncol.* **2016**, 34, 2484-2492.

63J. Koivunen, V. Aaltonen, S. Koskela, P. Lehenkari, M. Laato, J. Peltonen, *Cancer Res.* **2004**, 64, 5693-5701.

64M. Ihnen, C. Zu Eulenburg, T. Kolarova, J.W. Qi, K. Manivong, M. Chalukya, J. Dering, L. Anderson, C. Ginther, A. Meuter, B. Winterhoff, S. Jones, V.E. Velculescu, N. Venkatesan, H.M. Rong, S. Dandekar, N. Udar, F. J.nicke, G. Los, D.J. Slamon, G.E. Konecny, Mol. *Cancer Ther.* **2013**, 12, 1002-1015.

65R. Katayama, A. Aoyama, T. Yamori, J. Qi, T. Oh-hara, Y. Song, J.A. Engelman, N. Fujita, *Cancer Res.* **2013**, 73, 3087-3096.

66J.I. Yun, E.H. Yang, M. Latif, H.J. Lee, K. Lee, C.S. Yun, C.H. Park, C.O. Lee, C.H. Chae, S.Y. Cho, H.J. Jung, P. Kim, S.U. Choi, H.R. Kim, *Arch. Pharm. Res.* **2014**, 37, 873-881.

67Y. Huang, S. Wolf, B. Beck, L.M. K.hler, K. Khoury, G.M. Popowicz, S.K. Goda, M. Subklewe, A. Twarda, T.A. Holak, A. D.mling, *ACS. Chem. Biol.* **2014**, 9, 802-811.

68C.L. Christensen, N. Kwiatkowski, B.J. Abraham, J. Carretero, F. Al-Shahrour, T. Zhang, E. Chipumuro, G.S. Herter-Sprie, E.A. Akbay, A. Altabef, J. Zhang, T. Shimamura, M. Capelletti, J.B. Reibel, J.D. Cavanaugh, P. Gao, Y. Liu, S.R. Michaelsen, H.S. Poulsen, A.R. Aref, D.A. Barbie, J.E. Bradner, R.E. George, N.S. Gray, R.A. Young, K.K. Wong, *Cancer* **Cell2014**, 26, 909-922.

69L.M. Rosser, A.M. O'Donnell, K.M. Lee, G.D. Morse, *Antiviral Res.* **1994**, 25, 193-200.

70R. Ashkenazi, J.P. Finberg, M.B. Youdim, *Br. J. Pharmacol.* **1983**, 79, 915-922.

71C. Sanchez, M. Papp, *Behav Pharmacol.* **2000**, 11(2), 117-124.

72B. Devogelaere, J.M. Berke, L. Vijgen, P. Dehertogh, E. Fransen, E. Cleiren, L. van der Helm, O. Nyanguile, A. Tahri, K. Amssoms, O. Lenz, M.D. Cummings,R.F. Clayton, S. Vendeville, P. Raboisson, K.A. Simmen, G.C. Fanning, T.I. Lin,, *Antimicrob. Agents Chemother.* **2012**,56, 4676-4684.

73J.H. Atterh. g, H. Duner, B. Pernow, *Am. J. Med.* **1976**, 60, 872-876.

74G.M. London, R.G. Asmar, M.F. O'Rourke, M.E. Safar, *J. Am. Coll. Cardiol.* **2004**, 43, 92-99.

75J. Cao, L. Ye, Q. Zhang, X. Zhou, J. Lou, D. Zhu, Y. Hu, Q. He, B. Yang, *J. Biomed. Biotechnol.* **2009** (2010) 535072.

76Baumann, M.; Baxendale, I. R.; Ley, S. V.; Nikbin, N. *Beilstein J. Org. Chem.*, **2011**, 7, 442-495.

77 (a) von Nussbaum, F., *Stephacidin B. Angewandte Chemie International Edition*, **2003**. 42(27), 3068-3071; (b) Li, S.-M.,*NaturalProduct Reports*, **2010**, 27(1), 57-78.

78 (a) Marti, C.; Carreira, E. M. *Eur. J. Org. Chem.* **2003**, 63, 2209; (b) Tsuda, M.; Mugishima, T.; Komatzu, K.; Sone, T.; Tanaka, M.; Mikaimi, Y.; Shiro, M.; Hirai, M.; Ohizumii, Y.; Kobayashi, J. **Tetrahedron2003**, 59, 3227; (c) Thericke, R.; Tang, Y. Q.; Sattler, I.; Grabley, S.; Feng, X. Z. *Eur. J. Org. Chem.* **2001**, 261; d) Jossang, A.; Jossang, P.; Hadi, H. A.; Sevenet, T.; Bodo, B. *J. Org. Chem.* **1991**, 56, 6527; e) Zaveri, N. T.; Jiang, F.; Olsen, C. M.; Deschamps, J. R.; Parrish, D.; Polgar, W.; Toll, L. *J. Med. Chem.* **2004**, 47, 2973.

79 (a) Huang, A.; Kodanko, J. J.; Overman, L. E. *J. Am. Chem. Soc.* **2004**, 126, 14043; (b) Bagul, T. D.; Lakshmaiah, G.; Kawabata, T.; Fuji, K. *Org. Lett.* **2002**, 4, 249.

80 (a) Kawasaki, T.; Ogawa, A.; Terashima, R.; Saheki, T.; Ban, N.; Sekiguchi, H.; Sakaguchi, K.; Sakamoto, M. *J. Org. Chem.* **2005**, 70, 2957; (b) Mao, Z.; Baldwin, S. W. *Org. Lett.* **2004**, 6, 2425.

81 Ruck, R. T.; Huffman, M. A.; Kim, M. M.; Shevlin, M.; Kandur, W. V.; Davies, I. W. *Angew. Chem. Int. Ed.* **2008**, 47, 4711.

82 a) Yong, S. R.; Williams, M. C.; Pyne, S. G.; Ung, A. T.; Skelton, B. W.; White, A. H.; Turner, P. **Tetrahedron2005**, 61, 8120; (b) Beccalli, E. M.; Clerici, F.; Gelmi, M. L. **Tetrahedron2003**, 59, 4615.

83(a) Zhu, S.; Ji, S.; Su, X.; Sun, C.; Liu, Y. *Tetrahedron Lett.* **2008**, 49, 1777; (b) Farghaly, A. M.; Habib, N. S.; Khalil, M. A.; El-Sayed, O. A.; Alexandria, A. *J. Pharm. Sci.* **1989**, 3, 90; (c) Franco, L. H.; Joffe, E. B. K.; Puricelly, L.; Tatian, M.; Seldes, A. M.; Palermo, J. A. *J. Nat. Prod.* **1998**, 61, 1130; (d) Zhu, S.; Ji, S.; Zhao, K.; Liu, Y. *Tetrahedron Lett.* **2008**, 49, 2578.

84 (a) S. Ghosal, P.K. Banerjee, *Indian J. Chem.* **1971**, 9, 289-293; (b) K. Jones, J. Wilkinson, *J. Chem. Soc. Chem. Commun.* **1992**, 1767-1769; (c) S.I. Bascop, J. Sapi, J.Y. Laronze, J. Levy, **Heterocycles1994**, 38, 725-732; (d) C. Pellegrini, C. Strassler, M. Weber, H.J. Borschberg, *Tetrahedron:* **Asymmetry1994**, 5, 1979-1992; e) G. Palmisano, R. Annunziata, G. Papeo, M. Sisti, *Tetrahedron:* **Asymmetry1996**, 7, 1-4.

85 (a) Sannigrahi, M. **Tetrahedron1999**, 55, 9007; (b) Heathcock, C. H.; Graham, S. L.; Pirrung, M. C.; Plavac, F.; White, C. T. Spirocyclic Systems. Em The Total Synthesis of Natural Products; ApSimon, J., Ed.; John Wiley and Sons: Nova Iorque, **1983**; Vol. 5, p 264.

86 E. Garcia Prado, M.D. Garcia Gimenez, R. De la Puerta Vazquez, J.L. Espartero Sanchez, M.T. Saenz Rodriguez, **Phytomedicine2007**, 14, 280-284.

87 (a) Stratmann, K.; Moore, R. E.; Bonjouklian, R.; Deeter, J. B.; Patterson, G. M. L.; Shaffer, S.; Smith, C. D.; Smitka, T. A. *J. Am. Chem. Soc.* **1994**, 116, 9935; (b) Edmondson, S.; Danishefsky, S. J.; Sepp-Lorenzino, L.; Rosen, N. *J. Am. Chem. Soc.***1999**, 121, 2147.

88 W. Tang, G. Eisenbrand, *Pharmacology and Use in Traditional and Modern Medicine*, SpringerVerlag, Berlim, 1992, 997-1002

89Cohen, M.L. *Nature*, **2000**, 406, 762-767.

90 (a) Rogers, T.R. *Intl. J. Infect. Dis.*, **2002**, 6, S47-53; (b) Georgopapadakou, N.H. *Curr. Opin. Microbiol.*, **1998**, 1, 547-557; (c) Walsh, C. *Nature*,**2000**, 406, 775-781; (d) Ghannoum, M.A.; Rice, L.B. *Clin. Microbiol. Rev.*, **1999**, 12, 501-507.

91 T. V. Sravanthi, S. L. Manju, *Eur. J. Pharm. Sci.* **2016**, 91, 1-10.

92 Moreau, Pascale, *Eur. J. Med. Chem.*, **2008**, 43, 2316-2322.

93 S. N. Pandeya, P. Yogeeswari, D. Sriram e G. Nath, *Boll. Chim. Farm.* **1998**, 137, 321-324.

94U. K. Singh, S. N. Pandeya, A. Singh, B. K. Srivastava, M. Pandey, *IJPSDR*, **2010**, 2(2), 151.

95 Rajeev Sakhuja, Siva S. Panda, Leena Khanna, Shilpi Khurana, Subhash C. Jain, *Bioorg. Med. Chem. Lett.* **2011**, 21, 5465-5469.

96 Pravin C. Mhaske, Shivaji H. Shelke, Rahul P. Jadhav, Hemant N. Raundal, Sachin V. Patil, Amar A. Patil e Vivek D. Bobade, *J. Heterocycl. Chem.* **2010**, 47, 1415.

97 Dandia, A.; Singh, R.; Khaturia, S.; Merienne, C.; Morgant, G.; Loupy, A. *Bioorg. Med. Chem.* **2006**, 14, 2409.

98 A. Nandakumar, Prakasam Thirumurugan, Paramasivan T. Perumal, P. Vembu, M. N. Ponnuswamy, P. Ramesh, *Bioorg. Med. Chem. Lett.* **2010**, 20, 4252-4258.

99 Neelakandan Vidhya Lakshmi, Prakasam Thirumurugan, K. M. Noorulla, Paramasivan T. Perumal, *Bioorg. Med. Chem. Lett.* **2010**, 20, 5054-5061.

100 G. Bhaskar, Y. Arun, C. Balachandran, C. Saikumar, P. T. Perumal, *European J. Med. Chem.* **2012**, 51, 79-91

101Quazi I., Sastry V. G. e Ansari J. A., *Int JPharm Sci* **Res2017**, 8(3), 1145.

102 Deschenes, R.J., Lin, H., Ault, A.D., Fassler, J.S., *Antimicrob. Agents Chemother.***1999**, 43 (7), 1700-1703.

103Sivaprasad, G., Perumal, P.T., Prabavathy, V.R., Mathivanan, N., *Bioorg. Med. Chem. Lett.* **2006**, 16 (No. 24), 6302-6305.

104 Donawade, D.S., Raghu, A.V., Gadaginamath, G.S., *Indian J. Chem.* **2006**, 45B(3), 689-696.

105 Samosorn, S., Bremner, J.B., Ball, A., Lewis, K., *Bioorg. Med. Chem.***2006**, 14 (3), 857-865.

106 Hiari, Y.M.A., Qaisi, A.M., Abadelah, M.M., Voelter, W., *Monatshefte Fur* **Chemie2006**, 137 (2), 243-248.

107 Leboho, T.C., Michael, J.P., Van Otterlo,W.A.L., Van Vuuren, S.F., De Koning, C.B., *Bioorg. Med. Chem. Lett.* **2009**, 19 (17), 4948-4951.

108 Pedras, M. S. C.; Hossain, M. *Bioorg. Med. Chem.* **2007**, 15, 5981.

109Minvielle, M.J.; Eguren, K.; Melander, C. *Chem. Eur. J.*, **2013**, 19, 17595-17602.

110Song, Y.-L.; Wu, F.; Zhang, C.-C.; Liang, G.-C.; Zhou, G.; Yu, J.-J. *Bioorg. Med. Chem. Lett.*, **2015**, 25, 259-261.

111Xie, Y.-Q.; Huang, Z.-L.; Yan, H.-D.; Li, J.; Ye, L.-Y.; Che, L.-M.; Tu, S. *Chem. Biol. Drug Des.*, **2015**, 85, 743-755.

112 G.D. Morse, R.C. Reichman, M.A. Fischl, M. Para, J. Leedom, W. Powderly, L.M. Demeter, L. Resnick, Y. Bassiakos, J. Timpone, S. Cox, D. Batts, *Antiviral Res.* **2000**, 45, 47-58.

113 (a) X.J. Zhou, K. Pietropaolo, D. Damphousse, B. Belanger, J. Chen, J. Sullivan-Bolyai, D. Mayers, *Antimicrob. Agents Chemother.* **2009**, 53, 1739-1746; (b) S. Castellino, M.R. Groseclose, J. Sigafoos, D. Wagner, M. de Serres, J.W. Polli, E. Romach, J. Myer, B. Hamilton, *Chem. Res. Toxicol.* **2013**, 26, 241-251.

114 H. Suzuki, K. Kato, H. Kumagai, *J. Biotechnol.* **2004**, 111, 291-295.

115 (a) T.A. Rasmussen, O. Schmeltz Sogaard, C. Brinkmann, F. Wightman, S.R. Lewin, J. Melchjorsen, C. Dinarello, L. Ostergaard, M. Tolstrup, Hum. *Vaccin. Immunother.* **2013**, 9, 9931001; (b) H.M. Prince, M.J. Bishton, R.W. Johnstone, *Future Oncol.* **2009**, 5, 601-612.

116 P.L. Beaulieu, M. Bos, M.G. Cordingley, C. Chabot, G. Fazal, M. Garneau, J.R. Gillard, E. Jolicoeur, S. LaPlante, G. McKercher, M. Poirier, M.A. Poupart, Y.S. Tsantrizos, J. Duan, G. Kukolj, *J. Med. Chem.* 2012, 55, 7650-7666.

117 R.G. Gentles, M. Ding, J.A. Bender, C.P. Bergstrom, K. Grant-Young, P. Hewawasam, T. Hudyma, S. Martin, A. Nickel, A. Regueiro-Ren, Y. Tu, Z. Yang, K.S. Yeung, X. Zheng, S. Chao, J.H. Sun, B.R. Beno, D.M. Camac, C.H. Chang, M. Gao, P.E. Morin, S. Sheriff, J. Tredup, J. Wan, M.R. Witmer, D. Xie, U. Hanumegowda, J. Knipe, K. Mosure, K.S. Santone, D.D. Parker, X. Zhuo, J. Lemm, M. Liu, L. Pelosi, K. Rigat, S. Voss, Y. Wang, Y.K. Wang, R.J. Colonno, M. Gao, S.B. Roberts, Q. Gao, A. Ng, N.A. Meanwell, J.F. Kadow, *J. Med. Chem.* **2014**, 57, 1855-1879.

118 C.A. Coburn, P.T. Meinke, W. Chang, C.M. Fandozzi, D.J. Graham, B. Hu, Q. Huang, S. Kargman, J. Kozlowski, R. Liu, J.A. McCauley, A.A. Nomeir, R.M. Soll, J.P. Vacca, D. Wang, H. Wu, B. Zhong, D.B. Olsen, S.W. Ludmerer, *Chem Med* **Chem2013**, 8, 1930-1940.

119 F. Yu, L. Lu, L. Du, X. Zhu, A.K. Debnath, S. Jiang, **Viruses2013**, 5, 127-149.

120 A.M. Been-Tiktak, H.M. Vrehen, M.M. Schneider, M. van der Feltz, T. Branger, P. Ward, S.R. Cox, J.D. Harry, J.C. Borleffs, *Antimicrob. Agents Chemother.* **1995**, 39, 602-607.

121 (a) S. Piscitelli, J. Kim, E. Gould, Y. Lou, S. White, M. de Serres, M. Johnson, X.J. Zhou, K. Pietropaolo, D. Mayers, *Br. J. Clin. Pharmacol.* **2012**, 74, 336-345; (b) D.A. Margolis, J.J. Eron, E. DeJesus, S. White, P. Wannamaker, B. Stancil, M. Johnson, *Antivir. Ther.* **2014**, 19, 69-78.

122 42

123 Y.S. Boriskin, I.A. Leneva, E.I. Pecheur, S.J. Polyak, *Curr. Med. Chem.* **2008**, 15, 997-1005.

124Meanwell, N.A.; Wallace, O.B.; Fan, H.; Wang, H.; Deshpande, M.; Wanga, T.; Yin, Z.; Zhang, Z.; Pearce, B.C.; James, J.; Yeung, K.-S.; Qiu, Z.; Wright, J.J.K.; Yang, Z.; Zadjura, L.; Tweedie, D.L.; Yeola, S.; Zhao, F.; Ranadive, S.; Robinson, B.A.; Gong, Y.-F.; Wang, H.-G.H.; Blair, W.S.; Shi, P.-Y.; Colonno, R.J.; Lin, P.-F. *Bioorg. Med. Chem. Lett.,* **2009**, 19, 1977-1981.

125Wanga, T.; Kadow, J.F.; Zhang, Z.; Yin, Z.; Gao, Q.; Wu, D.; Parker, D.D.; Yang, Z.; Zadjura, L.; Robinson, B.A.; Gong, Y.-F.; Blair, W.S.; Shi, P.-Y.; Yamanaka, G.; Lin, P.-F.; Meanwell, N.A. *Bioorg. Med. Chem. Lett.,* **2009**, 19, 5140-5145.

126Alexandre, F.; Amador, A.; Bot, S.; Caillet, C.; Convard, T.; Jakubik, J.; Musiu, C.; Poddesu, B.; Vargiu, L.; Liuzzi, M.; Roland, A.; Seifer, M.; Standring, D.; Storer, R.; Dousson, C.B. *J. Med. Chem.,* **2011**,54, 392-395.

127La Regina, G.; Coluccia, A.; Brancale, A.; Piscitelli, F.; Gatti, V.; Maga, G.; Samuele, A.; Pannecouque, C.; Schols, D.; Balzarini, J.; Novellino, E.; Silvestri, R. *J. Med. Chem.,* **2011**, 54, 1587-1598.

128La Regina, G.; Coluccia, A.; Brancale, A.; Piscitelli, F.; Famiglini, V.; Cosconati, S.; Maga, G.; Samuele, A.; Gonzalez, E.; Clotet, B.; Schols, D.; Este, J.A.; Novellino, E.; Silvestri, R.. *J. Med. Chem.,* **2012**, 55, 6634-6638.

129Yeung, K.-S.; Qiu, Z.; Xue, Q.; Fang, H.; Yang, Z.; Zadjura, L.; D'Arienzo, C.J.; Eggers, B.J.; Riccardi, K.; Shi, P.-Y.; Gong, Y.-F.; Browning, M.R.; Gao, Q.; Hansel, S.; Santone, K.; Lin, P.- F.; Meanwell, N.A.; Kadow, J.F. *Bioorg. Med. Chem. Lett.,* **2013**, 23, 198-202.

130Ashok, P.; Lu, C.-L.; Chander, S.; Zheng, Y.-T.; Murugesan, S.*Chem. Biol. Drug Des.,* **2015**, 85, 722-728.

131Jiang, H.-X.; Zhuang, D.-M.; Huang, Y.; Cao, X.-X.; Yao, J.-H.; Li, J.-Y.; Wang, J.-Y.; Zhang, C.; Jiang, B. *Org. Biomol. Chem.,* **2014**, 12, 3446-3458.

132Sellitto, G.; Faruolo, A.; de Caprariis, P.; Altamura, S.; Paonessa, G.; Ciliberto, G. *Bioorg. Med. Chem.,* **2010**, 18, 6143-6148.

133Jackson, R.W.; LaPorte, M.G.; Herbertz, T.; Draper, T.L.; Gaboury, J.A.; Rippin, S.R.; Patel, R.; Chunduru, S.K.; Benetatos, C.A.; Young, D.C.; Burns, C.J.; Condon, S.M.. *Bioorg. Med. Chem. Lett.,* **2011**, 21, 3227-3231.

134Anilkumar, G.N.; Lesburg, C.A.; Selyutin, O.; Rosenblum, S.B.; Zeng, Q.; Jiang, Y.; Chan, T.-Y.; Pu, H.; Vaccaro, H.; Wang, L.; Bennett, F.; Chen, K.X.; Duca, J.; Gavalas, S.; Huang, Y.; Pinto, P.; Sannigrahi, M.; Velazquez, F.; Venkatraman, S.; Vibulbhan, B.; Agrawal, S.; Butkiewicz, N.; Feld, B.; Ferrari, E.; He, Z.; Jiang, C.- K.; Palermo, R.E.; Mcmonagle, P.; Huang, H.-C.; Shih, N.-Y.; Njoroge, G.; Kozlowski, J.A.. *Bioorg. Med. Chem. Lett.*, **2011**, *21*, 5336-5341.

135Chen, K.X.; Vibulbhan, B.; Yang, W.; Sannigrahi, M.; Velazquez, F.; Chan, T.-Y.; Venkatraman, S.; Anilkumar, G.N.; Zeng, Q.; Bennet, F.; Jiang, Y.; Lesburg, C.A.; Duca, J.; Pinto, P.; Gavalas, S.; Huang, Y.; Wu, W.; Selyutin, O.; Agrawal, S.; Feld, B.; Huang, H.-C.; Li, C.; Cheng, K.-C.; Shih, N.-Y.; Kozlowski, J.A.; Rosenblum, S.B.; Njoroge, F.G. *J. Med. Chem.*, **2012**, *55*, 754765.

136McGowan, D.; Vendeville, S.; Lin, T.-I.; Tahri, A.; Hu, L.; Cummings, M.D.; Amssoms, K.; Berke, J.M.; Canard, M.; Cleiren, E.; Dehertogh, P.; Last, S.; Fransen, E.; Helm, E.V.D.; den Steen, I.V.; Vijgen, L.; Rouan, M.-C.; Fanning, G.; Nyanguile, O.; Emelen, K.V.; Simmen, K.; Raboisson, P. *Bioorg. Med. Chem. Lett.*, **2012**, *22*, 4431-4436.

137Vendeville, S.; Lin, T.-I.; Hu, L.; Tahri, A.; McGowan, D.; Cummings, M.D.; Amssoms, K.; Canard, M.; Last, S.; den Steen, I.V.; Devogelaere, B.; Rouan, M.-C.; Vijgen, L.; Berke, J.M.; Dehertogh, P.; Fransen, E.; Cleiren, E.; Helm, L.V.D.; Fanning, G.; Emelen, K.V.; Nyanguile, O.; Simmen, K.; Raboisson, P. Finger *Bioorg. Med. Chem. Lett.*, **2012**, *22*, 4437-4443.

138Jin, G.; Lee, S.; Choi, M.; Son, S.; Kim, G.-W.; Oh, J.-W.; Lee, C.; Lee, K.*Eur. J. Med. Chem.*, **2014**, *75*, 413-425.

139 (a) Torres, L.; Anderson, C.; Marro, P.; Mishra, O.P.;*Neurochem. Res.*, **2004**, 29, 1825-1830; (b) Mayo, J.C.; Sainz, R.M.; Tan, D.X.; Hardeland, R.; Leon, J.; Rodriguez,C.; Reiter, R.J. *J. Neuroimmunol.*, **2005**, *165*, 139-149.

140Radwan, M.A.A.; Ragab, E.A.; Sabrya, N.M.; El-Shenawy, S.M. *Bioorg. Med. Chem.*, **2007**, 15, 3832-3841.

141Singh, N.; Bhati, S.K.; Kumar, A. *Eur. J. Med. Chem.*, **2008**, 43, 2597-2609.

142Mandour, A.H.; El-Sawy, E.R.; Shaker, K.H.; Mustafa, M.A. *Ata Pharmaceutica*, **2010**, 60, 7388.

143Guerra, A.S.; Malta, D.J.; Laranjeira, L.P.; Maia, M.B.; Colaco, N.C.; de Lima, M.do.C.; Galdino, S.L.; Pitta, Ida R.; Goncalves-Silva, T. *Int. Immunopharmacol*, **2011**, 11, 1816-1822.

144Sharath, V.; Kumar, H.V.; Naik, N. *J. Pharm. Res.*, **2013**, 6, 785-790.

145Shaveta, Singh, A.; Kaur, M.; Sharma, S.; Bhatti, R.; Singh, P.*Eur. J. Med. Chem.*, **2014**, *77*, 185192.

146Ozdemir,A.; Altintop, M.D.; Turan-Zitouni, G.; Ciftci, G.A.; Ertorun, I.; Alatasc, O.; Kaplancikli, Z.A. *Eur. J. Med. Chem.*, **2015**, 89, 304-309

147Singh, P.; Kaur, M.; Verma, P. *Bioorg. Med. Chem. Lett.*, **2009**, 19, 3054-3058.

148Lai, M.-J.; Huang, H.-L.; Pan, S.-L.; Liu, Y.-M.; Peng, C.-Y.; Lee,H.-Y.; Yeh, T.-K.; Huang, P.-H.; Teng, C.-M.; Chen, C.-S.; Chuang, H.-Y.; Liou, J.-P. *J. Med. Chem.*, **2012**, 55, 3777-3791.

149Kumar, D.; Kumar, N.M.; Chang, K.-H.; Shah, K. *Eur. J. Med. Chem.*, **2010**, 45, 4664-4668.

150James, D.A.; Koya, K.; Li, H.; Chen, S.; Xia, Z.; Ying, W.; Wu, Y.; Sun, L. *Bioorg. Med. Chem. Lett.*, **2006**, 16, 5164-5168.

151Huang, S.-M.; Hsu, P.-C.; Chen, M.-Y.; Li, W.-S.; More, S.V.; Lu,K.-T.; Wang, Y.-C. *Int. J. Cancer*, **2012**, 131, 722-732.

152Ahn, S.; Hwang, D.J.; Barrett, C.M.; Yang, J.; Duke III, C.B.; Miller, D.D.; Dalton, J.T. *Cancer Chemoth. Pharmacol.*,**2011**, 67, 293-304.

153Andreani, A.; Burnelli, S.; Granaiola, M.; Leoni, A.; Locatelli, A.; Morigi, R.; Rambaldi, M.; Varoli, L.; Landi, L.; Prata, C.; Berridge, M.V.; Grasso, C.; Fiebig, H.-H.; Kelter, G.; Burger, A.M.; Kunkel, M.W. *J. Med. Chem.*, **2008**, 51, 4563-4570.

154Wang, J.-J.; Shen, Y.-K.; Hu, W.-P.; Hsieh, M.-C.; Lin, F.-L.; Hsu, M.-K.; Hsu, M.-H. *J. Med. Chem*, **2006**, 49, 1442-1449.

155Giraud, F.; Alves, G.; Debiton, E.; Nauton, L.; Thery, V.; Durieu,E.; Ferandin, Y.; Lozach, O.; Meijer, L.; Anizon, F.; Pereira, E.; Moreau, P. *J. Med. Chem.*, **2011**, 54, 4474-4489.

156Ma, J.; Bao, G.; Wang, L.; Li, W.; Xu, B.; Du, B.; Lv, J.; Zhai, X.; Gong, P. *Eur. J. Med. Chem.*, **2015**, 96, 173-186.

157Wang, X.; Su, H.; Chen, C.; Cao, X..*RSC Adv.*, **2015**, 5, 15597-15602.

158Tang, K.; Huang, J.; Pan, J.; Zhang, X.; Lu, W. *RSC Adv.*, **2015**, 5, 19620-19623.

159 V. Kameshwara Rao, Bhupender S. Chhikara, Amir Nasrolahi Shirazi, Rakesh Tiwari, Keykavous Parang, Anil Kumar, Bioorg. Med. Chem. Lett. **2011**, 21, 3511-3514.

160 E.A. Lafayette, S.M.V. de Almeida, R.V.C. Santos, J.F. de Oliveira, C.Ad.C. Amorim, R.M.F. da Silva, M.Gd.R. Pitta, Id.R. Pitta, R.O. de Moura, L.B. de Carvalho Junior, M.J.B. de Melo Rego, Md.C.A. de Lima, *Eur. J. Med. Chem.* **2007**, 136, 511-522.

161Suzen, S. *Top. Heterocycl. Chem.*, **2007**, 11, 145-178.

162Andreadou, I.; Tasouli, A.; Bofilis, E.; Chrysselis, M.; Rekka, E.; Tsantili-Kakoulidou, A.; Iliodromitis, E.; Siatra, T.; Kremastinos, D.T. *Chem. Pharm. Bull*, **2002**, 50, 165-168.

163Olgen, S.; Coban, T. *Biol. Pharm. Bull*, **2003**, 26, 736-738.

164Rodriguez-Franco, M.I.; Fernandez-Bachiller, M.I.; Perez, C.; Hernandez-Ledesma, B.; Bartolomeu, B. *J. Med. Chem.*, **2006**, 49, 459-462.

165Talaz, O.; Gulcin, I.; Goksu, S.; Saracoglu, N. *Bioorg. Med. Chem.*, **2009**, 17, 6583-6589.

166Biradar, J.S.; Sasidhar, B.S.; Parveen, R. *Eur. J. Med. Chem.*, **2010**, 45, 4074-4078.

167Suzen, S.; Cihaner, S.S.; Coban, T.; *Chem. Biol. Drug Des.*, **2012**, 79, 76-83.

168 Baeyer, A.; Emmerling, A. *Berichte Dtsch. Chem. Ges.* **1869**, 2, 679-682.

169 (a); (b) A.D. Batcho, W. Leimgruber, Patente dos EUA 3,732,245 e Patente dos EUA 3,976,639.

170N. Chadha, O. Silakari, Indoles as therapeutics of interest in medicinal chemistry: Bird's eye view, Eur. J. Med. Chem. 134 (2017) 159-184.

171J.B. Baudin, S.A. Julia, Synthesis of indoles from N-aryl-1-alkenylsulphinamides, Tetrahedron Lett. 27 (1986) 837-840.

172A.V.O. Reissert, Einwirkung und natrium€athylat auf nitrotoluole. Synthese nitrirter phenyl brenz traubens€auren, Berichte Dtsch, Chem. Ges. 30 (1897) 1030-1053.

173T. Fukuyama, X. Chen, G. Peng, A novel tin-mediated indole synthesis, J. Am. Chem. Soc. 116 (7) (1994) 3127-3128.

174G. Bartoli, G. Palmieri, M. Bosco, R. Dalpozzo, The reaction of vinyl Grignard reagents with 2-substituted nitroarenes: a new approach to the synthesis of 7-substituted indoles, Tetrahedron Lett. 30 (1989) 2129-2132.

175R.C. Larock, E.K. Yum, Síntese de indóis *via* heteroanulação catalisada por paládio de alcinos internos, J. Am. Chem. Soc. 113 (1991) 6689-6690.

176 A. Bayer, A. Emmerling, Synthese des indoles [Síntese de indóis], Berichte der Deutschen chemischen Gesellschaft. 2 (1869) 679-682.

177Robinson, B., *Chem. Rev.* **1963**, 63, 373-401.

178E. Fischer, F. Jourdan, *Berichte Dtsch. Chem. Ges.* **1883**, 16, 2241-2245.

179 (a) Van Order, R. B.; Lindwall, H. G., *Chem. Rev.* **1942**, 30, 69-96 ; (b) Robinson, B., *Chem. Rev.* **1969**, 69, 227-250.

180 Baeyer A., *Ber*, **1879**, 12, 459.

181 Vorlander D. e Apelt O. *Ber*, **1904**, 37, 1134.

182 Nencki M. e Berlinerblau J., *German Patent*, **1884**, 40, 889.

183O. Miyata, Y. Kimura, K. Muroya, H. Hiramatsu, T. Naito, *Tetrahedron Lett.*, **1999**, 40, 36013604.

184I.-K. Park, S.-E. Suh, B.-Y. Lim, C.-G. Cho, *Org. Lett.*, **2009**, 11, 5454-5456.

185D. McAusland, S. Seo, D. G. Pintori, J. Finlayson, M. F. Greaney, *Org. Lett.*, **2011**, 13, 36673669.

186S. Gore, S. Baskaran, B. Konig, *Org. Lett.*, **2012**, 14, 4568-4571.

187Dan-Qian Xu, Jian Wu, Shu-Ping Luo, Ji-Xu Zhang, Jia-Yi Wu, Xiao-Hua Du e Zhen-Yuan Xu,

Green Chem., **2009**, 11, 1239-1246.

188(*a*) V. Hegde, P.Madhukar, J. D. Madura e R. P. Thummel, *J. Am. Chem. Soc.*, **1990**, 112, 4549-4550; (*b*) Y. K. Lim e C. G. Cho, *Tetrahedron Lett.*, **2004**, 45, 1857-1859; (*c*) E. Yasui, M. Wada e N. Takamura, *Tetrahedron Lett.*, **2006**, 47, 743-746; (*d*) K. G. Liu, A. J. Robichaud, J. R. Lo, J. F. Mattes e Y. Cai, *Org. Lett.*, **2006**,8, 5769-5771; (e) Campos, K. R.; Woo, J. C. S.; Lee, S.; Tillyer, R. D. *Org. Lett.* **2004**, 6, 79.

189(*a*) J. L. Rutherford, M. P. Rainka e S. L. Buchwald, *J. Am. Chem. Soc.*, **2002**, 124, 1516815169; (*b*) L.Ackermann e R. Born, Tetrahedron Lett. Born,*Tetrahedron Lett.*, **2004**, 45, 9541-9544; (*c*) T. M. Lipi 'nska e S. J. Czarnocki, *Org. Lett.*, **2006**, 8, 367-370; d) K. Alex, A. Tillack, N. Schwarz e M. Beller, *Angew. Chem., Int. Ed.*, **2008**, 47, 2304-2307; (e) Baccolini, G.; Todesco, P. E. *J. Chem. Soc., Chem. Commun.* **1981**, 563a.

190(*a*) D. Bhattacharya, D.W. Gammon e E. van Steen, *Catal. Lett.*,**1999**, 61, 93-97; (*b*) S. B. Mhaske e N. P. Argade, *Tetrahedron*,**2004**, 60, 3417-3420; (*c*) A. Dhakshinamoorthy e K. Pitchumani, *Appl. Catal., A*, **2005**, 292, 305-311.

191 Mun,H. -S.;Ham,W. -H.; Jeong, J.-H. *J. Comb.Chem.* **2005**, 7, 130.

192 A. Porcheddu, M. G. Mura, L. De Luca, M. Pizzetti, M. Taddei, *Org. Lett.*, **2012**, 14, 6112-6115.

193 J. Panther, T. J. J. Muller, *Synthesis*, **2016**, 48, 974-986.

194(a) Muller, T. E.; Beller, M. *Chem. Rev.* **1998**, 98, 675; (b) Brunet, J. J.; Neibecker, D. *In Catalytic Heterofunctionalization*; Togni, A., Gru "tzmacher, H., Eds.; Wiley-VCH: Weinheim, **2001**; p 91; (c) Alonso, F.; Beletskaya, I. P.; Yus, M. *Chem. Rev.* **2004**, 104, 3079.

195 (a) Cao, C.; Shi, Y.; Odom, A. L. *Org. Lett.* **2002**, 4, 2853; (b) Li, Y.; Shi, Y.; Odom, A. L. *J. Am. Chem. Soc.* **2004**, 126, 1794.

196 (a) Khedkar, V.; Tillack, A.; Michalik, M.; Beller, M. *Tetrahedron Lett.* **2004**, 45, 3123; (b) Tillack, A.; Jiao, H.; Garcia Castro, I.; Hartung, C. G.; Beller, M. *Chem. Eur. J.* **2004**, 10, 2409.

197 S. Zhou, J. Wang, L. Wang, K. Chen, C. Song, J. Zhu, *Org. Lett.*, **2016**, 18, 3806-3809.

198 Anahit Pews-Davtyan, Annegret Tillack, Anne-Caroline Schmole, Stefanie Ortinau, Moritz J. Frech, Arndt Rolfs, Matthias Beller, *Org. Biomol. Chem.*, **2010**, 8, 1149-1153

199 A. P. Davtyan, M. Beller, *Org. Biomol. Chem.*, **2011**, 9, 6331.

200 B. Liu, C. Song, C. Sun, S. Zhou, J. Zhu, *J. Am. Chem. Soc.*, **2013**, 135, 16625-16631.

201 D. C her nyak , N. Ch er ny ak, V. Gevo rg yan, *Adv. Synth. Catal.* **2010**, 352, 961-966.

202 B. Nyasse, L. Grehn, U. Ragnarsson *J. Chem. Soc., Chem. Commun.* **1997**, 1017

203 C. M. Seong, C. M. Park, J. Choi e N. S. Park, *Tetrahedron Lett.*, **2009**, 50, 1029

204 N. M. Przheval'skii, N. S. Skvortsova, e I. V. Magedov, *Chem. of Heterocyclic Compd.*, **2004**, 40(11),1435.

205 Yange Huang, Pui Ying Choy, Junya Wang, Man Kin Tse, Raymond Wai-Yin Sun, Albert Sun Chi Chan e Fuk Yee Kwong, *J. Org. Chem.*, **2020**, DOI: 10.1021/acs.joc.0c01599.

206 C. H. Schuster, J. F. Dropinski, M. Shevlin, H. Li, e S. Chen, *Org. Lett*, **2020**, DOI:10.1021/acs.orglett.0c02756

207 Martyn Inman, Christopher J. Moody, *Chem. Commun.*, **2011**, 47, 788-790

208 J. S. Schneekloth, Jr., J. Kim e E. J. Sorensen, *Tetrahedron*, **2009**, 65, 3096.

209 T. Nanjo, C. Tsukano, Y. Takemoto, *Org. Lett.*, **2012**, 14, 4270-4273.

210 S. Wagaw, B. H. Yang, S. L. Buchwald, *J. Am. Chem. Soc.*, **1998**, 120, 6621-6622.

211 Y.-W. Li, H.-X. Zheng, B. Yang, X.-H. Shan, J.-P. Qu, Y.-B. Kang, *Org. Lett.*, **2020**, 22, 45534556.

212 Z.-G. Zhang, B. A. Haag, J.-S. Li, P. Knochel, *Synthesis*, **2011**, 23-29.

213(a) Monguchi, Y.; Mori, S.; Aoyagi, S.; Tsutsui, A.; Maegawa, T.; Sajiki, H., *Org. Biomol.Chem.***2010**, 8, 3338-3342. (b) Larock, R. C.;Yum, E. K.; Refvik, M. D., *J. Org.Chem.***1998**, 63, 7652-7662. (c) Larock, R. C.; Yum, E. K., *J. Am. Chem. Soc.* **1991**, *113*, 6689-6690.

214 Rapolu Venkateshwarlu, Shambhu Nath Singh, Vidavalur Siddaiah, Hindupur Ramamohan, Rambabu Dandela, Kazi Amirul Hossain, P. Vijaya Babu, Manojit Pal, *Bioorganic & Medicinal*

Chemistry Letters, **2020**, 30, 127112

215Y. Chen, X. Xie, D. Ma, *J. Org. Chem.*, **2007**, 72, 9329-9334.

216B. Z. Lu, H.-X. Wei, Y. Zhang, W. Zhao, M. Dufour, G. Li, V. Farina, C. H. Senanayake, *J. Org. Chem.*, **2013**, 78, 4558-4562.

217B. Z. Lu, W. Zhao, H.-X. Wei, M. Dufour, V. Farina, C. H. Senanayake, *Org. Lett.*, **2006**, 8, 3271-3274.

218J. Ni, Y. Jiang, Z. An, R. Yan, *Org. Lett.*, **2018**, 20, 1534-1537.

219L. T. Kaspar, L. Ackermann, *Tetrahedron*, **2005**, 61, 11311-11316.

220 a) J. Yang, H. Wu, L. Shen, Y. Qin, *J. Am. Chem. Soc.* **2007**, 129, 13794 - 13795; b) Z. Zuo, W. Xie, D. Ma, *J. Am. Chem. Soc.* **2010**, 132, 13226 - 13228; c) P. Liu, J. H. Seo, S. M. Weinreb, *Angew. Chem.* **2010**, 122, 2044 - 2047; *Angew. Chem. Int. Ed.* **2010**, 49, 2000 - 2003; d) J. Belmar, R. L. Funk, *J. Am. Chem. Soc.* **2012**, 134, 16941 - 16943

221a) M. Mascal, K. V. Modes, A. Durmus, *Angew. Chem.* **2011**, 123, 4537 - 4538; *Angew. Chem. Int. Ed.* **2011**, 50, 4445 - 4446; b) H. Qin, Z. Xu, Y. Cui, Y. Jia, *Angew. Chem.* **2011**, 123, 4539 - 4541; *Angew. Chem. Int. Ed.***2011**, 50, 4447 - 4449; c) W. Hu, H. Qin, Y. Cui, Y. Jia, *Chem. Eur. J.***2013**, 19, 3139 - 3147; d) D. Sun, Q. Zhao, C. Li, *Org. Lett.* **2011**, 13, 5302 - 5305; e) A. B. Leduc, M. A. Kerr, *Eur. J. Org. Chem.***2007**, 237 - 240; f) Y. Koizumi, H. Kobayashi, T. Wakimoto, T. Furuta, T. Fukuyama, T. Kan, *J. Am. Chem. Soc.* **2008**, 130, 16854 - 16855.

222 A. B. Smith III, N. Kanoh, H. Ishiyama, N. Minakawa, J. D. Rainier, R. A. Hartz, Y. S. Cho, H. Cui, W. H. Moser, *J. Am. Chem. Soc.***2003**, 125, 8228 - 8237

223a) Z. Xu, F. Zhang, L. Zhang, Y. Jia, *Org. Biomol. Chem.* **2011**, 9, 2512 - 2517; b) S. M. Bronner, A. E. Goetz, N. K. Garg, Synlett**2011**, 2599 - 2604; c) S. M. Bronner, A. E. Goetz, N. K. Garg, *J. Am. Chem. Soc.* **2011**, 133, 3832 - 3835; d) B. Meseguer, D. Alonso-Daz, N. Griebenow, T. Herget, H. Waldmann, *Angew. Chem.* **1999**, 111, 3083 - 3087; *Angew. Chem. Int. Ed.* **1999**, 38, 2902 - 2906; e) O. A. Moreno, Y. Kishi, *J. Am. Chem. Soc.* **1996**, 118, 8180 - 8181

224 Dong Shan, Yan Gao, e Yanxing Jia, *Angew. Chem. Int. Ed.* **2013**, 52, 1 - 5

225A. Varela-Fernandez, J. A. Varela, C. Saa, *Synthesis*, **2012**, 44, 3285-3295.

226M. Michalska, K. Grela, *Synlett*, **2016**, 27, 599-603

227N. Sakai, K. Annaka, A. Fujita, A. Sato, T. Konakahara, *J. Org. Chem.*, **2008**, 73, 4160-4165.

228A. Arcadi, G. Bianchi, F. Marinelli, *Synthesis*, **2004**, 610-618.

229K. Hiroya, S. Itoh, T. Sakamoto, *Tetrahedron*, **2005**, 61, 10958-10964.

230J. Gao, Y. Shao, J. Zhu, H. Mao, X. Wang, X. Lv, *J. Org. Chem.*, **2014**, 79, 9000-9008.

231Q. Zhou, Z. Zhang, Y. Zhou, S. Li, Y. Zhang, J. Wang, *J. Org. Chem.*, **2017**, 82, 48-56.

232S. Cacchi, G. Fabrizi, A. Goggiamani, A. Perboni, A. Sferrazza, P. Stabile, *Org. Lett.*, **2010**, 12, 3279-3281

233 M. Isabel Garda-Aranda, M. Teresa Garda-Lopez, M. Jesus Perez de Vega, e Rosario Gonzalez Muniz, *Tetrahedron letters*, **2014**, 55(13), 2142-2145

234M. Nazare, C. Schneider, A. Lindenschmidt, D. W. Will, *Angew. Chem. Int. Ed.*, **2004**, 43, 45264528.

235Y. Jia, J. Zhu, *J. Org. Chem.*, **2006**, 71, 7826-7834.

236S. Yu, L. Qi, K. Hu, J. Gong, T. Cheng, Q. Wang, J. Chen, H. Wu, *J. Org. Chem.*, **2017**, 82, 36313638.

237J. Jadhav, V. Gaikwad, R. Kurane, R. Salunkhe, G. Rahsinkar, *Synlett*, **2012**, 23, 2511-2515.

238I. Choi, H. Chung, J. W. Park, Y. K. Chung, *Org. Lett.*, **2016**, 18, 5456-5459.

239A. Dobbs, *J. Org. Chem.*, **2001**, 66, 638-641.

240Sundberg, R. J.; Yamazaki, T., *J. Org. Chem.* **1967**, 32, 290-294.

241(a) Menendez, J. C.; Sridharan, V.; Perumal, S.; Avendano, C., *Synlett* **2006**, 0091-0095. (b) Marckwald, W., Ber. *Dtsch. Chem. Ges.* **1892**, 25, 2354-2373.

242Bartoli, G.; Palmieri, G.; Bosco, M.; Dalpozzo, R., *Tetrahedron Lett.* **1989**, 30, 2129-2132.

243Fukuyama, T.; Chen, X.; Peng, G., *J. Am. Chem. Soc.* **1994**, 116, 3127-3128.

244(a) Stuart, D. R.; Alsabeh, P.; Kuhn, M.; Fagnou, K., *J. Am. Chem. Soc.* **2010**, 132,18326-18339. (b) Ackermann, L.; Lygin, A. V., *Org. Lett.* **2012**, 14, 764-767. (c) Song, W.; Ackermann, L., *Chem. Commun.* **2013**, 49, 6638-6640.

245(a) Li, Y.; Qi, Z.; Wang, H.; Yang, X.; Li, X., *Angew. Chem., Int. Ed.* **2016**, 55, 11877-81. (b) Liang, Y.; Yu, K.; Li, B.; Xu, S.; Song, H.; Wang, B., *Chem. Commun.* **2014**, 50,6130-6133. (c) Tang, G.-D.;Pan, C.-L.; Li, X., *Org. Chem. Front.* **2016**, 3, 87-90.

246(a) Shen, Z.; Pi, C.; Cui, X.; Wu, Y., *Chinese Chemical Letters* **2019**, 30, 1374-1378. (b) Luo, Y.; Guo, L.; Yu, X.; Ding, H.; Wang, H.; Wu, Y., *Eur. J. Org. Chem.* **2019**, 2019, 3203-3207.

247Cui, X. F.; Ban, Z. H.; Tian, W. F.; Hu, F. P.; Zhou, X. Q.; Ma, H. J.; Zhan, Z. Z.; Huang, G. S., *Org. Biomol.Chem.* **2019**, 17, 240-243.

248Jie, L.; Wang, L.; Xiong, D.; Yang, Z.; Zhao, D.; Cui, X., *J. Org. Chem.* **2018**, 83, 10974-10984.

249Xie, W.; Chen, X.; Shi, J.; Li, J.; Liu, R., *Org. Chem. Front.* **2019**, 6, 2662-2666.

250(a) Li, Y.; Li, J.; Wu, X.; Zhou, Y.; Liu, H., *J. Org. Chem.* **2017**, 82, 8984-8994. (b) Manna, M. K.; Bairy, G.; Jana, R., *J. Org. Chem.* **2018**, 83, 8390-8400. (c) Song, X.; Gao, C.; Li, B.; Zhang, X.; Fan, X., *J. Org. Chem.* **2018**, 83, 8509-8521. (d) Qi, Z.; Yu, S.; Li, X., *Org. Lett.* **2016**, 18, 700-703. (e) Hu, X.; Chen, X.; Zhu, Y.; Deng, Y.; Zeng, H.; Jiang, H.; Zeng, W., *Org. Lett.* **2017**, 19, 3474-3477. (f) Yan, X.; Ye, R.; Sun, H.; Zhong, J.; Xiang, H.; Zhou, X.,.*Org. Lett.* **2019**, 21, 7455-7459. (g) Tang, G.-D.; Pan, C.-L.; Li, X., *Org. Chem. Front.* **2016**, 3, 87-90.

251Y. Wei, I. Deb, N. Yoshikai, *J. Am. Chem. Soc.*, **2012**, 134, 9098-9101.

252R. Nallagonda, M. Rehan, P. Ghorai, *Org. Lett.*, **2014**, 16, 4786-4789.

253X.-S. Ning, M.-M. Wang, J.-P. Qu, Y.-B. Kang, *J. Org. Chem.*, **2018**, 83, 13523-13529.

254Y. H. Jang, S. W. Youn, *Org. Lett.*, **2014**, 16, 3720-3723.

255S. Ortgies, A. Breder, *Org. Lett.*, **2015**, 17, 2748-2751.

256Y.-L. Li, J. Li, A.-L. Ma, Y.-N. Huang, J. Deng, *J. Org. Chem.*, **2015**, 80, 3841-3851.

257X. Ji, H. Huang, W. Wu, X. Li, H. Jiang, *J. Org. Chem.*, **2013**, 78, 11155-11162.

258A. Andries-Ulmer, C. Brunner, J. Rehbein, T. Gulder, *J. Am. Chem. Soc.*, **2018**, 140, 1303413041.

259H.-D. Xia, Y.-D. Zhang, Y.-H. Wang, C. Zhang, *Org. Lett*, **2018**, 20, 4052-4056.

260M. Wu, R. Yan, *Synlett*, **2017**, 28, 729-733.

261S. G. Newman, M. Lautens, *J. Am. Chem. Soc.*, **2010**, 132, 11416-11417.

262P. Yang, W. Yu, R. Wang, M. Zhang, C. Xie, X. Zeng, M. Wang, *Org. Lett.*, **2019**, 21, 36583662.

263P. Levesque, P.-A. Forunier, *J. Org. Chem.*, **2010**, 75, 7033-7036.

264D. I. Bugaenko, A. A. Dubrovina, M. A. Yurovskaya, A. V. Karchava, *Org. Lett.*, **2018**, 20, 73587362

265Yu, D. G.; de Azambuja, F.; Glorius, F., *Int. Ed.* **2014**, 53, 2754-2758.

266Li, J.; Zhang, Z.; Tang, M.; Zhang, X.; Jin, J., *Org. Lett.* **2016**, 18, 3898-901.

267Zhou, J.; Li, J.; Li, Y.; Wu, C.;He, G.; Yang, Q.; Zhou, Y.; Liu, H., *Org. Lett.* **2018**, 20, 76457649.

268Li, H.; Wu, C.; Liu, H.; Wang, J., *J. Org. Chem.* **2019**, 84, 13262-13275.

269 Xinfeng Cui, Xin Qiao, He-Song Wang e Guosheng Huang, *Org. Chem.*, **2020**, DOI: 10.1021/acs.joc.0c01619

270 (a) Bytschkov, I.; Siebenreicher, H.; Doye, S. *Eur. J. Org. Chem.* **2003**, 2888.

271Ackermann, L. **Organometallics2003**, 22, 4367

272 (a) Maneerat, W.; Ritthiwigrom, T.; Cheenpracha, S.; Promgool, T.; Yossathera, K.; Deachathai, S.; Phakhodee, W.; Laphookhieo, S. *J. Nat. Prod.* **2012**, 75, 741-746; (b) Knolker, H.-J. *Curr. Org. Synth.* **2004**, 1, 309-331; (c) Gluszynska, A. *Eur. J. Med. Chem.* **2015**, 94, 405-426.

273Dawei Cao, Jing Yu, Huiying Zeng, Chao-JunLi,   *J. Agric. Food Chem.*, **2020**, doi.org/10.1021/acs.jafc.0c00644

274J. Bonnamour, C. Bolm, *Org. Lett.*, **2011**, 13, 2012-2014.

275 Z. Li, H. Zhang, S. Yu, *Org. Lett.* **2019**, 21, 4754-4758.

276 Xue-Wang Gao, Qing-Yuan Meng, Jia-Xin Li, Jian-Ji Zhong, Tao Lei, Xu-Bing Li, Chen-Ho Tung e Li-Zhu Wu, *ACS Catal.* **2015**, 5, 2391-2396

yes I want morebooks!

Buy your books fast and straightforward online - at one of world's fastest growing online book stores! Environmentally sound due to Print-on-Demand technologies.

Buy your books online at
www.morebooks.shop

Compre os seus livros mais rápido e diretamente na internet, em uma das livrarias on-line com o maior crescimento no mundo! Produção que protege o meio ambiente através das tecnologias de impressão sob demanda.

Compre os seus livros on-line em
www.morebooks.shop

info@omniscriptum.com
www.omniscriptum.com

Printed by Books on Demand GmbH, Norderstedt / Germany